城市公共艺术与互动设计

陈立博　著

中国商业出版社

图书在版编目（CIP）数据

城市公共艺术与互动设计 / 陈立博著 . -- 北京 :
中国商业出版社 , 2021.11
ISBN 978-7-5208-1877-3

Ⅰ . ①城… Ⅱ . ①陈… Ⅲ . ①城市空间 – 景观设计
Ⅳ . ① TU984.11

中国版本图书馆 CIP 数据核字（2021）第 225800 号

责任编辑：吴　倩

中国商业出版社出版发行
（www.zgsycb.com　100053　北京广安门内报国寺 1 号）
总编室：010–63180647　编辑室：010–83128926
发行部：010–83120835/8286
新华书店经销
三河市德贤弘印务有限公司印刷
*
710 毫米 ×1000 毫米　16 开　12.5 印张　224 千字
2022 年 6 月第 1 版　2022 年 6 月第 1 次印刷
定价：86.00 元
* * * *
（如有印装质量问题可更换）

前言

PREFACE

城市需要什么样的公共艺术？新时代的公共艺术要以何种方式面向公众与城市空间？无论是城市公共艺术的研究者还是城市公共艺术的实践者，这是两个需要面对和思考的问题。在艺术前面加上“公共”二字，代表了艺术与大众、艺术与城市、艺术与社会关系的新取向，以艺术为媒介，营造人、城市与环境空间的新关系。

作为广义上的文化、艺术领域的城市公共艺术肇始于欧洲，在美国得到繁荣发展。它的形式和内涵随着社会环境和公众需求的变化而不断更新。近年来，在全球呈现出动态繁荣的发展趋势。我国四十年来的公共艺术发展，经历了从单一的纪念性、叙事性和装饰性向多元化、综合性、公共性和多媒介演进的过程。20世纪80年代，主要以“城市雕塑”展开讨论，更加注重视觉形式的美学追求，但缺乏对公共艺术公共性的深入探讨。20世纪90年代，随着公共艺术概念的提出，展开了关于公共艺术的公共性讨论，城市公共艺术成为热点话题。进入21世纪，随着国家新型城镇化建设的提出和进程的不断深化发展，公共艺术的相关讨论变得尤为激烈，国内对公共艺术的研究开始逐渐关注城市本体、社会环境、公众生活与艺术的关系。

随着数字化在我国的全面发展，几乎我们生活的方方面面都必然向着数字化和智能化的方向发展，新媒体技术和公共艺术的结合也呈现必然趋势。传统媒介下的公共艺术，公众与艺术是被动关系。新媒介与公共艺术相结合，使艺术与公众之间有了更直接的沟通，从艺术与公众的被动式关系向主动、互动的形式转变。艺术与技术结合，通过互动媒体对公众视觉、听觉、触觉等全方位的感官体验，使公众体会艺术与媒体在关系上的变化，感受到沉浸式的艺术体验。正是出于这样的考虑，作者搜集大量关于城市公共艺术研究以及新媒体交互技术的资料并认真研读，总结出了一些或许能促进城市公共艺术发展的内容收辑在了书中。

本书分为七章。第一章讲述了全书核心内容的基本概念，分析了公共艺术的内涵、特征与属性以及其在城市中起到的作用和承担的责任。

第二章将公共艺术和城市更加密切地联系起来，详细论述了在城市中公共艺术的责任以及其与城市文化间的关联，并且将城市的规划、建设与空间营造等未来发展道路和公共艺术紧密连接在一起。第三章将城市公共艺术的“前世今生”展现给读者，从最早的国外公共艺术起源发展到我国的公共艺术发展沿革，再到如今的城市公共艺术对城市的意义和其未来指向，沿时间线把公共艺术与城市建设共同发展的事实和具体发展方式展现出来。第四章主要针对我们认识到的城市公共艺术是怎样的，也就是其造型和具体表现形式进行阐述。第五章对城市公共艺术进行了创意回溯，分析其在设计过程中需要遵循怎样的原则、方法、流程和路径。第六章从室内和室外两个大的方面分析了城市公共艺术案例，其中室外公共艺术主要从城市广场、城市公园、滨水景观、城市历史街区等方面展开，室内公共艺术主要从公共厅堂、商业建筑、室内设计、轨道交通等方面展开。第七章是城市公共艺术和新媒体技术交互设计理念的密切结合，从目前已经存在的交互性城市公共艺术到其未来的道路规划在其中都有体现。

在论述城市公共艺术的具体内涵和表现形式的时候，必须要结合具体的作品才能说清楚，因此需要把握好两者间的平衡，如果一味列举公共艺术设计案例而缺乏足够的论述性文字的支持，那么本书将丧失学术专著的意义，而如果在论述过程中只有叙述性文字却没有恰到好处的案例插入，也必定会让读者如坠云雾，很难真正想象出文字当中描述的艺术作品究竟是什么样的。作者在写作过程中除了大量搜集资料并从中汲取需要的知识外，也将大量心血放在了艺术作品与文字的穿插上。

希望本书不但能够让读者了解到什么是城市公共艺术，也能激发诸位读者的兴趣，让更多人投身到建设城市公共艺术的工作中，让其发展更加迅速、实践更加广泛。

作　者
2021 年 7 月

目录

CONTENTS

第一章　公共艺术的理论积淀……………………………………………… 1

第一节　公共艺术的内涵……………………………………………… 2

第二节　公共艺术的特征与属性……………………………………… 4

第三节　公共艺术的社会角色与使命………………………………… 7

第二章　城市设计与公共艺术的介入……………………………… 13

第一节　公共艺术的城市职责………………………………………14

第二节　公共艺术与城市文化………………………………………17

第三节　公共艺术与城市规划………………………………………21

第四节　公共艺术与城市建设………………………………………25

第五节　公共艺术与城市空间的营造………………………………29

第三章　城市公共艺术的发展与建设……………………………… 37

第一节　国外城市公共艺术的发展沿革……………………………38

第二节　中国城市公共艺术的发展与现状…………………………52

第三节　当代城市公共艺术的建设路径……………………………56

第四节　城市公共艺术的未来指向…………………………………63

第四章　城市公共艺术的要素与形式……………………………… 67

第一节　城市公共艺术的造型要素…………………………………68

第二节　城市公共艺术的表现形式…………………………………82

第五章　城市公共艺术的创意过程………………………………… 89

第一节　城市公共艺术的设计原则…………………………………90

第二节　城市公共艺术的设计程序………………………………… 100

第三节　城市公共艺术的设计原理………………………………… 105

第四节　城市公共艺术的设计路径………………………………… 111

第六章　城市公共艺术的案例分析……………………………… 125

第一节　室外公共艺术……………………………………………… 126

第二节　室内公共艺术……………………………………………… 137

第七章　城市公共艺术互动的创新摸索……………………………… 157

第一节　城市公共艺术的互动性研究与设计…………………………… 158

第二节　装置设计…………………………………………………… 168

第三节　交互设计在装置中的应用……………………………………… 172

第四节　互动装置案例分析…………………………………………… 179

参考文献…………………………………………………………… 187

后　记……………………………………………………………… 189

第一章

公共艺术的理论积淀

第一节　公共艺术的内涵

公共艺术是以艺术为媒介，营造人、城市与空间的新关系。不仅折射着城市的物质文明和精神文明，还代表了一座城市的精神面貌和文化品位，传承着城市文化，记载着一座城市的历史发展与变迁。21世纪是科技与信息技术迅猛发展的时期，全球文化的发展更具民族特色，种类多样。文化的发展主要依托于城市，而城市文化的中心内容是其中的公共艺术。艺术家们所创作的艺术品，在特定公共区域中可视为一类特殊的介质，这种介质必定会在艺术领域占有一席之地，作为公共空间里特定区域的所属物，它是城市区域的一个分支，有区别于整体的独立体系和创作形式，符合大众审美。主要体现在下面几个部分。

（1）公共艺术记载和发扬城市的地域文化特色和公共文化精神，是城市文化中最直观和最鲜明的载体。公共艺术属于环境能效体制中的内容，体现当地的地域文化、风貌与审美原则，担当着城市环境的调和剂，贡献自己的力量，是不可忽视的景观。

（2）公共艺术代表城市的文化价值观，展现国家和民族的独特品格与时代精神。公共艺术横亘古今，是时代发展与文明传承的桥梁，始终紧跟时代精神、时尚与经济的发展，与其共同前进，成为人们关注的中心和时代的标志。作为城市中标志性的文化体系，具有一定的代表性和可辨别性，这是人们情感的纽带，融合了多元文化，而它还能够融入城市的文脉当中，最终成为城市历史记忆的一部分。

（3）公共艺术是城市发展下的产物，是新型城镇化建设的重要组成部分，最终目的是满足城市公众的精神文化需要。公共艺术能够为人们创造一个轻松惬意的环境，人们通过这一介质获得交流互动等多种生活体验，是一种没有明确主题的建筑创作，作为一个艺术品，它不仅能在空间中实现神奇的沟通，还有其独特的意义所在。

（4）公共艺术是文化快速传播的重要媒介。公共艺术是健康生态家园的一分子，也是调和人的精神家园与心灵住所的良药，此外其艺术价值也不容忽视。当下时代中公共艺术涉及的内容范围较繁杂，涉及面很广泛，没有非常明晰的界限，较难总结出精准的概念，但是根据我们的常识，可以将公共艺术视为城市的化妆师，装点城市环境，进行艺术创作，公共区域是广大群众所共有的活动空间，并不属于某个人或某个集体。当民众在整洁的街道上漫步，身边的一切事物包括惬意的公园、高耸的建筑物等；不论是身在其中的本地居民，还是偶然到此的过客，只要是任谁都可以观光，任谁都能游览的地方，都能够将其定义为公共空间。

公共艺术以艺术为媒介，向公众传播公共文化和主流价值观。它是公共空间的形象大使，对这个空间进行形象设计，它不仅是字面意义上的"公共"，大家共享空间，在精神层面上的空间也是大家共同参与，共同进步，突出大部分人的文化愿景与审美趋势，这些特征使得它们的实际操作有别于传统专家个人创作的能效与方式。

公共艺术拉近了艺术与公众的距离。实际上，公共艺术品并不只是供人欣赏的事物。在设计创造它之前，要考虑到怎样能够与环境形态完美融合，从而顺利完成事物之间、人与物以及人与自然的传声筒角色。以北京天安门广场的华表为例，华表是广场中的一件"装饰品"，它是因为广场的存在而存在的。广场有其自身的城市空间功能，华表只是辅助广场空间构成为其表明自己的存在意义，装点广场的环境艺术氛围。在广场中，人们在不同时期可能还会添加或减少一些"装饰品"，以更好地实现它作为特定场所的效用。华表作为标志性作品在实现自己环境艺术价值的同时，它还会不时地影响其他新作品的地位，而新的作品出现时也须关照已经矗立在那里的华表。同理，威尼斯的圣马可广场（如图 1–1 所示）的成就与发展也经历了这样一个过程。公共艺术作品的设计应该满足形成场所中心或焦点的需要。罗马图拉真广场上的图拉真定功柱和巴黎的凡尔赛的中心喷泉就是典型的例子。有的时候也因为交通的需要，环形岛上不是灯塔便是城市雕塑，在中国的城市中这类做法很常见。

当然，更具有现代意味的做法是那些无标性构筑物创作，它们仅作为场所中的空间媒介，在完成"空间对语"的同时还有一定的艺术价值。在现代的建筑群里，将掩饰辅助设备的构筑物，如风口等都加以现代艺术处理，形成优良的构图风格后，既满足了功能需要又美化了环境。特别是一些在总体设计上不够完善的建筑群中，那些无标性构筑物填补了大而无当的空间，调整了环境的尺度，实现了建筑物之间的对话，并且，给予环境以相当的人情味。这类无标性作品在现代建筑群中大量存在。同时易于组装、运输和更新，这些作品的构成材料往往是工业化的，有时是十分廉价、可"新陈代谢"也可以说是环保的。

公共艺术作为空间媒介，是整个城市环境的重要组成，也充当着宣传委员的角色，向人们分享传递城市的区域文化、民俗风情等人文科学，这些内容能够体现出艺术品自身的结构、风格特征、符号内容和表现手法。

公共艺术的分类方式多种多样，从其表现手法角度可将公共艺术划分为公共区域中的雕塑和壁画，还包括艺术景观、空间装置、新媒介材料、光电艺术、分解建构等形式。

图 1-1 威尼斯的圣马可广场[①]

第二节 公共艺术的特征与属性

一、艺术审美

艺术源于生活又高于生活，公众的广泛参与，丰富了公共艺术内涵发展。

公共艺术就是给城市提供良好的环境，让人们栖息于美好的环境中。"城市让生活更美好" 理念让人们更加重视城市公共环境，公共艺术所在的区域是人民群众长时间停留和活动的户外空间，如城市广场、地铁站等空间，里面的雕塑、艺术装置，在设计上要体现人性化，并且迎合人们的审美趋势，凸显出一定层次的文化内容。随着社会的发展，公共艺术的审美标准发生了变化，以消费为特征的艺术兴起，强调公众参与性，倡导大众

① 图片来自作者拍摄。

趣味体现在公共艺术上，是大众化、娱乐化和生活化的体现，公共艺术的多元化成为其发展趋势。公共艺术是一个城市文化的展示，其内涵不仅在于还原和再现具象事物，如一个历史事件或者纪念某一个人，一味地过度强调公共艺术的尺度，塑造宏伟体量，而且建立当下人们与环境之间的一种关系，以此促成人们在公共环境轻松、愉快地去体验和感受艺术品。公共艺术的创造需要更多地融入大众的文化内涵和品格精神，创作出人民大众喜爱的作品。

二、环境营造

公共艺术是城市发展下的产物，代表城市的独特品格与时代精神。公共艺术是一个城市的门面，是大家关注的焦点，它体现的是城市各个方面的统一和谐，包括生存环境、人们的心理状态、人与自然的关系等。和谐对于艺术来说，是艺术家们追求的最高境界，和谐于公共环境艺术来讲是一种素养的追求，所以可以将公共艺术视为实现和谐的一个途径，如果想要使公共空间与艺术形成和谐共进的美好局面，需要所有人齐心协力发展设计。城市孕育了公共艺术，并为其提供了适宜的环境，使其在城市中繁衍并发展壮大，剥离开城市的公共区域，公共艺术这一个定义也就不复存在了。公共艺术的产生与发展符合现代社会对财经、企业发展、文化产业、科技创造、旅游消费、政府规划等业务的发展需求。公共艺术充当记录仪的角色，以其独有的形式将各个地域的精神文化与不凡姿态刻画在它的内存器中，为我们收录着每个时代的发展轨迹与大变革。

三、文化展示

公共艺术代表了一座城市的精神面貌和文化品位，传承着城市文化。回顾我国的公共艺术发展历程，名家名作数不胜数，从意义非凡的首都天安门广场的人民英雄纪念碑、北京国际机场壁画群到上海黄浦公园的“浦江潮”、壮丽辉煌的景观雕塑“东方之光——日晷”，广州的“五羊石像”、“广州解放纪念碑”，还有青岛的“五月的风”（如图 1-2 所示），再到香港特别行政区的“永远盛开的紫荆花”，这些层出不穷的公共艺术品在其特别的城市区域内记录、陈述、刻画着每一片土地、每一个角落的历史、发展脉络和当地的风土人情以及美好憧憬。它们以一种独特的气息与和它血浓于水的人民，互为依存，共同谱写了这座城市的难忘篇章。公共艺术用它神奇的画笔，将这座城市居民的精神风貌与文化习俗描绘给世人。公共艺术在做好本职工作的同时，也将城市居民精彩生动的生活点滴与情感沟通交融在一起，这使得城市的精神文化逐步渗透到生活中去，并被当地市民内化于心。

图 1-2　青岛海滨“五月的风”①

四、地域标示

公共艺术是一座城市的精神堡垒，公共艺术一方面是城市发展的功能需求，另一方面是城市发展的象征表达。美国千禧公园是一个能反映当地居民生活状态的场所，而非高不可攀的神殿或纪念碑。在这样一个场所中，人们可以在此通过不锈钢雕塑的反射看自己的倒影，在皇冠喷泉中尽情戏水。人们可以轻松地在这里活动，娱悦心情，享受生活在这座城市的乐趣。公共艺术的地域性不仅仅反映在地理环境上，还表现在特定的“场所”中，构成一定的功能和空间尺度，这也体现了地域性的存在，地域性是公共艺术存在的前提，也是一个城市文化发展的重要标志。

① 图片来自摄图网。

第三节　公共艺术的社会角色与使命

一、公共艺术与“公共性”“公共领域”的关系

公共艺术是广受关注的话题，我们在探究它时，有一个不可忽视的前提，那就是“公共性”问题。如果说，没有公共性就没有公共艺术，那是一点也不为过的。“公共”是西方社会历史在前进过程中催生出的事物，从17世纪中期，英国社会开始出现“公共”这一词汇；17世纪末，借鉴于英语、法语中衍生出“公共性”这一词汇。其他国家使用这一词汇较晚，18世纪德国才开始使用这个词汇。公共性意味着只要是国家的公民，人人都能参与公共事务。

公共性自成一派，独立于个人与国家中。个人和国家是社会的一部分，哈贝马斯（Habermas）在此基础上，对社会进行了细致的划分，认为社会还包括市场和公共空间。国家为人们创造有序的社会环境；个人是国家这个大家庭之下的小家，它包含的内容更为细致，如家庭的生活形态、亲人朋友关系和经济分配等问题；市场是创造共同财富的空间，人们通过建立私营或民营组织来生产商品，或用劳动力换取等价的利润。公共领域与前者相比，更为复杂，哈贝马斯说，公共领域实则是我们的生产生活中具有舆论导向作用的事物。也就是说，公民都可以在公共区域活动。人人都具有言论自由权，可以畅所欲言，积极评论社会事务，同样社会团体也会给予相应的重视。这些建议可以集中到一起，成为一个对社会大家庭影响深远的中坚力量，这个时候，公共领域基本发展完备，并且走向成熟。

从中可以总结出，公共性和公共领域是具有西方特性的概念，它的特征包括以下几个方面：①它孕育于人类社会。产生存在于现代社会，与传统社会的性质相反。②公共性和公共领域是开放的，不具备私密性特征。③人人都可以参与，大家可以自由探讨，具有一定的舆论性特征。

艺术家鲁虹[①]此前曾经就公共性如何在城市中体现这一问题展开描述：“应该说，在做公共艺术的过程中，它（指公共性——作者注）至少反映在如下两个方面：第一，应该努力体现公众的生存经验与他们所关注的文化问题，从而使作品的意义具有交流性与开放性。在更为成功的作

① 鲁虹，1954年生，江西省黎川县人。擅长中国画、美术理论。毕业于湖北美术学院。现任职于深圳美术馆。

品中，作品所涉及的公共性问题还会有机会纳入特定社区的公共性话语中；第二，应该恰当使用公众性的话语方式或努力表达公众的视觉经验，进而体现出平等交流与公共关怀的价值观，这样还可为不同层面的解读预留充分的空间，并拉近作品与公众的心理距离。”

二、公共艺术与公共空间权力的关系

时代的发展，使得相关公共领域的研究热度只增不减，随之发生的后现代与现代主义之间的纠葛日益加深，公共空间这片肥沃的土地到底归谁所有，引起大家的广泛关注。“公共”这一词汇是个加分项，拥有这一名头的艺术必将所向披靡，成为时代永恒的标志，艺术是奇妙魅力的代名词，也能反映出思想意志融入艺术范围的现象。权力意味在不突破底线的情况下，可以为所欲为，忽视他人意愿，任意行事的力量。公共艺术的诞生，意味着人们开始竞争空间领域的权力，这是广大群众对长期垄断艺术的精英人士的不满和反抗。布迪厄（Bourdieu）的社会科学研究显示了一个道理，社会团体斗争的普遍模式也是产生象征符号的场地，它是集中了多方势力的残酷沙场。为了赢得这场战争，空间符号的争夺大战持续打响，利益的分配问题随之产生，大家绞尽脑汁，出谋划策。换言之，在我们的生存空间中，表现出公共性特征的建筑、壁画、雕塑等艺术作品，其实在一定程度上反映出了社会关系的组构。公共艺术除了具有自身的艺术特性，还包括阿尔都赛（Althusser）所提出的实践意义。是“行为—行动—态度—姿态之内的概念—表象—形象的复合构成物”，因此，为了更好地探究公共艺术，必然要深刻剖析各种各样的意识形态，这样有利于发现并扫除影响公共艺术发展的障碍，并厘清这些因素之间混杂的关系。基于此，才能厘清公共性的发生和艺术状态的形成思路。

从古至今，权力始终是各个领域的矛盾所在，公共艺术领域也不例外，如何实现一个集体的平等与民主，上升到另一个层面来说就是如何做到社会这个大家庭的公平公正。因此，我们不能孤立地看待公共艺术的民主权利问题，而应该从社会成员的民主意识和自觉意识等社会系统中去考察。对此问题的深入探讨有助于我们更准确地把握权力结构在公共艺术中是如何得以体现并进行运作的深层次问题。

三、公共艺术与大众文化的关系

现代文化更多的是面向大众，符合人们的世俗化审美。究其原因，在于它过度关注人民群众的生活，对世俗物质之外的一类高尚宏大的概念关注度大不如前。

大众文化逐渐规范化，形成产业，具有交换价值，这大大增加了文化产品的数量，成为大众消费的保护伞。随着传播媒介的发展，文化的传播方式多种多样，鲜明的形象和视觉的冲击给人以最直观的感受，是推动文化民主的重要介质，它使得文化更趋于满足审美需求，知识水平参差不齐导致的消费差异被消除。大众文化之所以广受大众喜爱，是因为人们在接受这一文化的同时，身心也得到了愉悦，这一现象表明它深深地扎根于人民群众的生活中，甚至与其融为一体，人们的生活中到处都夹杂着文化因素，文化不再是精英人士的标志，而是一种可以普遍加入、参与其中的活动。

公共艺术当今的走向与大众文化趋于一致，更加贴近生活，不再是肩负重任与使命的挑夫，卸下传承历史文明的责任。当今公共艺术有了新的意义，体现新式民主和人文理念，成为生活的必需品，意在昭告人们：艺术不再是部分人所独享的、供人瞻仰的文化，它已经走近人们的身边。与民同在，从可望而不可即到人人可以参与互动的一种趣味活动。如毕加索的塑像，呈现出立体的效果，达到烘托身边的建筑的目的，不仅为人们提供了享受生活的小憩场所，也让艺术走近群众，融入生活。

公共艺术日趋民众化，并随之派生出类型多样且接近大众的艺术形式，城市环境的建构布局多基于几何图形的原理，现代艺术作品更加注重理性化修饰，不仅有对平常事物加以夸张修饰用来表达后现代主义的“通俗艺术”，如奥登伯格的经典作品《大型冰淇淋蛋卷》《衣夹》，还有坐落于巴黎拉维莱特公园的一半车身在土中的自行车雕塑，公共艺术的多元发展使得经典雕塑的神秘感被削弱，艺术与群众的关系发生了历史性变革。

公共艺术是周边群众可以自由赏析评价、交流的艺术作品，它处在一个开放的环境下，通过具象表征与视觉冲击将本地人文精神传递给群众。概括来说，公共艺术是大众文化的一个分支，它与大众文化有共通之处，比如具有民主性、世俗性等特征，使得公共艺术转变为大众共享的文化。突破了传统的桎梏，摆脱了束缚，使得艺术变为普遍化的文化。

四、公共艺术与公共设施的关系

在欧洲，城市公共设施被冠以多种名号，如城市的机器、零件、公共设施、城市家具等。日本把它们定义为行者路途上的居家摆件（如图 1–3 所示）。合理规划城市空间的要务就是设计公共设施，这是不能缺席的环节，随着经济与社会的发展，公共设施已经不能仅满足简单的使用功能，公共设施是公共艺术的具象表现，是公共艺术与景观的一个交叉点，也是增加人与环境互动的一个契合点。

公共艺术是指公共开放空间中的艺术创作与相关的环境设计，从艺术形式上划分包括雕塑、绘画、摄影、广告、影像、表演等；从功能上来看，其具有纪念、娱乐等实用性效能（如图 1-4 所示）。表现形式多种多样，符合数学学科的相关模式，从平面到立体、二维再到三维；从内部环境到外部环境直至地面景观等方面。公共设施可以说是公共艺术的一部分，它是最实用的公共艺术，具观赏、实用的功能，主要包括便利性设施，如路灯、垃圾桶、电话亭等；标志性设施，如指示牌（如图 1-5 所示）、路标、公交站牌等；安全性设施，如照明、天桥、路栏等（如图 1-6 所示）。

图 1-3 城市户外公共座椅 ①

图 1-4 户外公共艺术 ②

① 图片来自作者拍摄。
② 图片来自作者拍摄。

图 1-5　巴塞罗那街头导视[①]

图 1-6　巴塞罗那街头车止石[②]

① 图片来自作者拍摄。
② 图片来自作者拍摄。

第二章

城市设计与公共艺术的介入

第一节 公共艺术的城市职责

一、城市公共艺术是打造城市特色文化的助推器

城市公共艺术代表了城市独特的文化价值观，折射着城市的地域文化特色风貌。城市公共艺术表达的内容可以成为一个城市地理区位、空间布局中独具特色的自然景观、象征角色，并与周边建筑风格相匹配，传承本地的文化内涵和历史文明。高效准确定位区域文化，公共艺术在城市历史性、地域性和区域城市体系中占有重要地位，可以反映具有地方特色的优秀城市文化，塑造城市个性，增强城市吸引力。如，当地的特色建筑、城市布局、风土人情以及远近闻名的学者、文学作品和影响深远的文化逸事、不同历史阶段的遗迹无一不昭示着居民对当地文明的认同，将人们深藏于心的情愫激发出来，融合为国家的灵魂（如图 2-1、图 2-2、图 2-3 所示）。城市公共艺术是一个城市文化发展的命脉，象征着城市的风貌，是一个城市的魅力所在，需要我们悉心维护。在城市公共艺术建设推动下的地方特色和历史特色可以满足世界对同宗、同根、同习惯的文化认同感和乡土情怀的需要，在经济全球化过程中增加了经济合作的信任度，减少了摩擦，对建构一体化的经济区域以及吸引投资具有积极的促进作用。

二、城市公共艺术是对城市文化竞争力的提升

城市是人类智慧的结晶，它的创造推动了人类的历史进程，是人类赖以生存的高效有力的工具，它为人类营造了一个舒适宜居的环境，保证了人类文明经久不衰。城市是人类未来发展与富强的根据地。人类的发展离不开公共艺术，公共艺术是现代化产业发展的动力机器，在今后的社会里，文化实力的竞争将成为城市之间竞争的榜首。经济是一个地区发展的命脉，衡量一个城市形象的指标就是当地经济状况和文化水平。公共艺术的水平与城市的发展是一荣俱荣、一损俱损的，城市前进，公共艺术自然不会落后，所以如果雕塑建筑设计巧妙，城市形象也会加分。图书馆、广场、雕塑等实体工艺能够展示城市的文化，激起群众欣赏家园的兴趣，

并在这个过程中进一步理解和融入城市，城市文化品位的提升，市民素质的提高，对经济、社会的发展，对城市建设都有积极意义。说起古都西安，人们首先想到的是轰动世界，见证我国古老文明的秦始皇兵马俑，高大巍峨的古建筑群，路边摊位前香气扑鼻的美食，娱悦人感官的经典陕西曲艺——秦腔。一个城市的文明能够打破时间与空间的界限，经久不衰，所以一座城市存在的时长只是一个数字，能够证明它存在的是长存的文明。深圳这座充满奇迹的城市，已经创立特区 40 余年，是中国最先提出“时间就是金钱，效率就是生命”的城市，深圳所创造下的奇迹融汇了这座城市的文化与精神面貌。从另一个方面切入，大力拆建公共艺术等于毁坏城市形象，阻碍人文精神的传承，有悖于发展必须遵循的平衡性原则，城市文化具有其地域特色，剥除它的载体，城市文明的继承工作将停滞不前，正确的价值观和审美就难以形成。

图 2-1　巴黎凡尔赛宫内部[①]

① 图片来自作者拍摄。

图 2-2　比萨斜塔[①]

图 2-3　巴塞罗那巴特罗之家[②]

三、城市公共艺术是建立城市公共心理的奠基石

透过一个城市当下的公共艺术，我们能够从中体味出这一区域的观

---

① 图片来自作者拍摄。
② 图片来自作者拍摄。

念、地域风貌、道德品质、意识层次、经济状况等文化特征，公共艺术在城市的资源结构上有特殊功能，另外还作用于情感架构上，在潜移默化中影响大众的思想品质及审美趣味等。从其他学科角度审视公共艺术，是一种对城市理解与体味，是当地人多方认同的结合体，当地居民以城市的发展为傲，将城市的被认同转化为自我认同。公共艺术的发展水平不只代表城市的外部形象，也能够映射出当地居民对这座城市的情感投入状态，若艺术形式较为领先，它必然会吸引外部民众，成为人人向往的城市。城市公共艺术透过居民所呈现出来的是一种精神品质，这一特征体现了当地居民的价值追求和审美趣味，也可以理解为群众的美好憧憬。城市的点滴是外物与文化内涵积淀而成的珍贵资料，贯穿于当下和未来，被一代又一代人传承着，为民众提供感知自己生存环境在时间的长河中变换的线索，最终，城市融汇在人们的习惯意识里，就是蕴含历史的发展过程的当代公共艺术历史的阐释。

人们的思维模式往往是固化的。在诸多方面都有体现，如公共设施在历史中应该扮演眼睛的角色，人们可以透过它追溯历史，历史长河中的每一帧都“历历在目”，当公共设施具有了历史的厚重，人们就不会仅把它看作一种用具，而是在使用时深刻体会其中的内涵，凸显出地域的文明，通过在历史与现代之间牵线搭桥，令都市人沉浸在文化的海洋里，实现人与自然和环境的高度契合，并将这种文化习惯传递给后人。中国城市历史的研究者表明，在一个时代里，人们的文化理念对城市形态影响较大，很多古人对地理、环境、风水的研究都对城市形态有一定的桎梏，但它们之间是相互作用的，带有文化特色的城市形态也会反作用于处在这个环境中的人们。

第二节　公共艺术与城市文化

一、布迪厄的“文学场域”理论

场域的概念实际上是布迪厄[①]针对当下利用实证的方法研究社会人文的现状作出的订正。场域具有一定的推论功能，它的作用模式之间相互关联，是建立在理论基础上的一种概念建构。文学是一种文字艺术，布

① 皮埃尔·布迪厄（Pierre Bourdieu，1930—2002），男，法国最具国际性影响的思想大师之一，任巴黎高等研究学校教授，法兰西学院院士。

迪厄在修正文学艺术研究方法的基础上，针对文化生产的研究方法进行了分析订正。依他而言，文化实践不是孤立的事物，同样受个人或集体的利益驱使，文化的继承是一条完整的流水线工作，生产、商品交易、发扬、蓄积等一环扣一环，它在研究规律上与其他事物并无区别，实际操作中也可以参考符号经济的相关规律。布迪厄认为文化产品的价值是毋庸置疑的，但是，这种价值在特定环境中才能获得展现的机会，文化生产场所就是能够展现其独特性的首选场所。布迪厄表示，场域并不是先人的智慧结晶，而是在社会结构功能的变迁发展中逐步形成的，是现代社会的独有现象。历史在不断地发展进步，催生了文学场域这一新事物，意味着人们走向自主学习的道路，艺术的深刻内涵被挖掘出来，大家看到了可取之处，使得艺术成为一个纯粹的学科，人们为了艺术而艺术。文学是一个玄幻的世界，文学场域在这种幻觉中破壳而出。文学场域的游戏规则与普通世界截然相反，金钱权势地位不再是胜者的代名词，相反，在这个世界里，赢家即输家，文学场域能够顺利存活下来，也是经过不断斗争而实现的。在内部斗争中，获得无上荣誉的作家与期望攀上高峰初出茅庐的作家之间不断滋生出符号斗争。布迪厄巧用韦伯的专业话语把他们类比为牧师和先知两种作家。牧师自认为在文学界根正苗红，任谁也不可以撼动自己的地位，先知则不以为然，扬言将要取代经典作家至高无上的地位。布迪厄认为，这一斗争行为是为了实现文学资本的自由支配，从而能够以自己的认知为基础，任意定义文学的概念，将其合法权利收入囊中。布迪厄对外部斗争更为感兴趣。未居于主流地位的作家往往较关心内部人员的斗争情况，利用外部信息调节内部斗争，试图缓和斗争。高人气、资本雄厚的作家，往往不甘心屈居人下，寄希望于改编作品，并通过各种媒介进行宣传，来改变并将自己通过文学创作而获得的资本转变为符号资本，迫使文学场域抛弃自己的文学标准，屈服于外部标准。但实际上，文学场域的地位依旧如初，那些想要将自己的思维模式填充到场域内部时，也还是要遵从其中的游戏准则。经过以上的分析发现，文学生产场域具有如下的结构特征。

（1）文化生产场域有其独特的运行思维，自主性强于其他场域。

（2）在文化生产场域中，内部力量的斗争层出不穷，外部的争斗也此起彼伏。

（3）政治、经济、文化三者之间是可以相互转化的。布迪厄总结了一些分析文化艺术场域的方法，这为我们的进一步研究奠定了基础。

二、公共艺术场域的城市文化特征

文化产品的生产是文化场域的一个重要组构，布迪厄从这一点切入推论出后者的特点。公共艺术活动包括很多环节，设计制作的过程只是其中一部分，多类群体的分工合作促成一件公共艺术品的问世，它涉及多个学科领域，如美学、历史建筑、设计规划、民族社会等，实施工作不仅需要艺术家作出精美设计，还需要多个工种齐心协力，需要工程师实地勘测，进行数据分析，需要工人付出体力劳动，需要媒体工作者大力宣传，当然国家部门和企业的资金支持也是必不可少的。在各类专家团体的设计制作、施工、宣传、投资下，最终才得以完美呈现，并公之于世，接受大家审阅的目光。所以，公共艺术不是艺术家的代名词。公共艺术场域的组构错综复杂，既包含文化生产场域的特性，也涵盖公共艺术场域的特点与模式。

公共艺术是近几十年兴起的一种艺术形式，在我国各个地区开花结果，与城市的政治经济一同成长。美国城市规划家林奇[①]曾表示“城市可以被看作一个反映人群关系的图示、一个整体分散并存的空间、一个物质作用的领域、一个相关决策的系列或者一个充满矛盾的领域。而这些暗喻包括很多有价值的内容：历史延续、稳定的平衡、运行效率、有能力的决策和管理与最大限度的相互作用，甚至政治斗争的过程。某些角色会从不同的角度成为这个运转过程的决定性因素，如政治领导人、家庭和种族、主要投资者、交通技术人员、决策精英、命阶层等”。城市经济学专家K.J.巴顿[②]说：“城市是一个坐落在有限空间地区内的各种经济市场——住房、劳动力、土地、运输等相互交织在一起的网状系统。”专攻城市历史学的专家芒福德[③]认为：“在城市的发展历程中，其器皿功用更为不可或缺：因为城市的首要功能还是储藏柜，为人们累积货物，为城市为社会积蓄能量，使得公用事业的功能不再单一，将它转变为可以贮存

① 凯文·林奇（Kevin Lynch），1918年出生在美国芝加哥一个富裕家庭，父母是来自美国的第二代爱尔兰居民。林奇曾就读于美国当时一流的学校——法兰西斯·派克中学。1984年去世，是美国杰出的城市规划专家。

② K.J.巴顿（K.J. Buton）担任英国拉夫巴勒高校经济系讲师，其所著《城市经济学》一书于1976年出版。

③ 刘易斯·芒福德（Lewis Mumford），美国社会哲学家，写过很多建筑和城市规划方面的著作，极力主张科技社会同个人发展及地区文化上的企望必须协调一致。

的宝库。”法国哲学家奥古斯特·孔德[①]（Auguste Comte）和 W.M. 惠勒（W.M.Wheeler）等许多专家都赞同，社会是一种“积累型的活动，而城市正是这一活动过程中的基本器官”。城市储藏文化宝库的功效，大力彰显出城市在推进人类文明的进程中的重大意义。

公共艺术跟随着蕴含文化宝藏的城市区域在历史的长河中不断前进，历经世事，从开始以创造美好环境为方向，到现今综合群众的价值导向，情感需求以及体现人们加入城市建设大军意图的形式，这种模式意味着城市将焕然一新，为社会群体提供了共同参与维护家园的机会。公共艺术就是其中一个显著实例，早前公共艺术是政府的施展平台，如今这个平台扩大面积，社会各界都可以广泛参与，表明公共艺术紧跟城市文化的步伐。城市文化借助公共艺术这一媒介展现自己的成果，社会在发展，人们的思想观念也在时刻更新，不用再担心温饱问题，视角随之转移到生存区域的环境，对参与公共事务的兴趣和热情日益加深，这一历程是公共艺术发展的必经之路。公共艺术的实行流程取决于当地的时间、空间及文化特征，在传承区域文明的基础上，创造出符合当地人文精神和居民审美的艺术作品，即“属地化”准则。各个区域地段的历史文明不尽相同，在当地喜爱度较高的公共艺术作品，置于外地不一定会被认可，这便是不同的历史背景和文化底蕴所造成的。所以，公共艺术作品的创造必须以当地的文化特色和历史背景为基础，这样才能在灵魂深处与当地居民实现思想契合。

城市是公共艺术出生和成长的摇篮，公共艺术的发展必然会受到城市的影响，城市的历史轨迹和文化发展路径都会通过公共艺术表现出来，如这一区域的规章制度与社会结构，同时城市的文化意识形态和风俗风貌也会有所体现。此外，城市文化的各种特征，如场域特征和符号特征等形态也会以同样的介质呈现。但不同之处在于公共艺术中的每个特征都有其自身的思维模式，它不仅展现在艺术的整体构架上，也表现在公共艺术的各个分支上。这是公共艺术区别于其他艺术的关键点，也是公共艺术前进的燃油，为其续航。所以，探究公共艺术关键在于调查分析城市及城市蕴含的文化特点。

① 奥古斯特·孔德（Auguste Comte），（1798—1857），法国哲学家。

第三节　公共艺术与城市规划

一、城市公共艺术与城市规划的关系

城市公共艺术是城市规划的专项内容之一，城市规划是城市公共艺术建设科学、合理、有效进行的保障。

公共艺术，以其特有的形式和方法，表达出人们的情感和愿望，折射出智慧的思维之光，昭示着民族的审美追求，传递着城市发展变迁的文化信息。在人类民族、社会、生活的构建中，不仅是口口相传的话语，书于纸上的一笔一画就能给后世留下人类探究世界、创建世界的痕迹，别具一格的工艺也能够以抽象美的表现形式给人以摄人心魄的感染力，进而凸显出光彩照人的世界和五光十色的生活。

总体来说，目前中国城市公共艺术建设还处于由无序向规范过渡的状态。集中表现出作品趋同，缺乏地域精神与原创性；总体水平良莠不齐；城市公共艺术选址不当；城市建设与城市公共艺术建设不同步；公共性的缺失与公众参与意识的淡薄等一系列问题。解决这些问题最有效的方法就是将城市公共艺术纳入城市规划的体系中，作为城市总体规划中的重要专项规划，以城市规划为纲要，大力推进城市工艺的创新发展。

城市公共艺术作为当代城市建设的新型艺术形态，在当代城市营造和建设中，起到了明晰城市定位、传承城市文脉、凝聚城市精神、创设城市风貌、增强城市艺术审美、提高居民修养、提高城市生机的作用，它必须向城市总体规划靠拢，并真正地融入城市总体布局中，进一步体现出城市规划的实施。

因此，城市公共艺术规划是中国城市发展的必然的、内在的要求，城市公共艺术只有与城市规划相结合，将城市公共艺术上升到“规划”的高度、广度、深度时，才能符合现代城市发展的框架模式，才会展现其真正的魅力；另外，城市公共艺术主要体现其思想性与文化性，以其独特的手段成为城市文明形象的代言人，表现区域文化特征与城市风貌。

二、城市公共艺术策划与城市公共艺术规划

策划是细致规划的前提，制定好完备的策划，规划城市公共艺术的工

作才能顺利开展，这关系到艺术规划的成功与否，所以在进行城市公共艺术设计时，我们应将关注点更多地转移到策划上。

策划为规划提供了梗概，为其铺好了道路，扮演一个军师的角色，为公共艺术的征程出谋划策。它将公共艺术的多种要素，结合城市的道路、节点、区域、标志物等城市意象要素，纳入城市规划的整体格局。只有这样，城市公共艺术的文化内涵、主题思想、精神气质才能够与城市公共空间有机结合起来，真正发挥其城市公共空间"代言人"的角色。策划是规划思想上的领路人，使规划的很多刻板准则充满生机，能够超越时空的束缚，更耐人寻味，适用于实践。恰当的策划能够规避无效的修饰，用丰富可行的艺术理念完善规划，使规划进入实践，这些都建立在了解、掌握区域文化精神的基础上，归纳总结这座城市的昨天、今天和明天。理解须建立在时空距离和知识素养上，感同身受一座城市的复杂情感，物理距离不是唯一要素，还需要对城市人文历史有一定的掌握，这样才能找到合适的路径，为城市规划添砖加瓦。

三、城市公共艺术规划编制的必要性探索

（一）城市公共艺术规划是完善城市总体规划体系的要求

中国新型城镇化建设正在逐步从规模走向质量。目前，中国城市建设已经逐步进入"规范时代"，城市公共艺术也不会例外，中国城市公共艺术建设正逐渐摆脱匆忙上马的现状，而是顾全大局，全面战略部署，严格把控审查关卡，征集艺术作品。中国不少城市已经编制或正在编制以城市雕塑规划为代表的公共艺术规划，甚至有城市已经直接过渡到公共艺术规划，典型的城市如深圳、杭州等。

把城市公共艺术纳入城市规划、建设、管理，将规划看作整体进程的重要环节，以独特的工艺营造城市的文明形象，发展公共艺术已经是大势所趋，是地区繁荣富强的必经之路。

在城市总体规划中要把城市公共艺术作为一个专项规划，在城市公共艺术集中建设前一定要尽早地编制公共艺术规划，避免无序、杂乱的城市公共艺术建设，结合自身发展，制订不同时期的细致规划，坚定不移地走可持续发展的道路，遵循自然生态规律，贯彻绿色发展的理念，深入剖析当地人文历史，打造合理科学、和谐平等的精神文明。

(二)城市公共艺术规划是城市化不断推进的必然要求

中国城市化进程需要城市公共艺术的全方位包装,中国经济体系逐步完善,进入高质量发展阶段,城市化建设不断更新换代,城市的组构和作用摆脱了单一的概念,进步发展为更加复杂的模式,城市的规模和人口急剧增长,人们的生活水平日趋富裕,促使人们对于生活品质的需求升高,开始致力于通过公共艺术来提高城市的文化传承和精神内涵。公共艺术的社会属性是为大众服务,无形中,它将自身的艺术形式渗透于我们生活中,改变我们的生活及生存空间,并成为我们评价一个地区乃至国家进步程度的重要指标。据此来进行地区环境的评判,是创设城市文明空间不可或缺的体系。

所以,城市化的发展是朝着艺术多样化、系统化、人性化的方向发展,这就必须对城市公共艺术进行合理的规划,才能进行建设。公共艺术面对的空间范围已经不只是某个点、某条线,而是城市的“面”、有序的文化系统和景观建筑。城市公共艺术规划的作用之一,就是体现“以人为本,和谐社会”的理念。

(三)城市公共艺术规划是城市公共艺术建设、管理的要求

当今的公共艺术具有盲目和随意的特征,这一问题阻碍公共艺术的发展,只有将城市公共艺术规范化,针对其作出切实可行的计划,才能解决这一问题。只有进行公共艺术规划,才能有利于中国城市公共艺术建设实现科学、有序、良性的高速发展模式,使得公共艺术的发展顺应自然规律,符合当代文化的发展要求,进而避免城市工艺设计的杂乱无章,将公共艺术与公共空间完美融合,实现城市公共艺术建筑的合理发展,减少毫无艺术性、违背规律的艺术品出现,达到优化城市人文形象的作用。公共艺术是环境风貌的添加剂,这就迫使我们在使用它时,必须考虑“国家的标准”结合周边自然情况,实行有效的艺术规划,突出城市的文化内涵与精神风貌。

(四)城市公共艺术规划是城市公共艺术科学、合理发展的要求

21 世纪以来,国内城市公共艺术建设随着城市化进程的推进正迎来前所未有的发展契机,城市公共艺术建设还存在诸多突出问题需要解决。只有将城市公共艺术纳入城市规划系统,才是中国城市公共艺术发展的

出路,这一点在国内是广大公共艺术专家们一致认同的观点。雕塑作为城市公共艺术的重要组成部分,是一种美化城市的造型艺术,科学性与规范性是城市艺术创作经久不衰的保障,公共艺术蕴含可持续发展的理念和丰富的历史文化背景,这些需求的背后必须有一个可靠的、完备的思维框架和合乎法律的设计作为支撑。没有规矩不成方圆,城市公共艺术要想发扬光大,必须进行合理的规划,其他特性才能得以实现。

四、城市公共艺术规划的主要内容

在现代中国城市建设中,城市规划逐渐展现其至关重要的地位,对于城市建设来说,它是具有预见性的美好图景,城市规划为人们描绘出了一个令人神往的美妙画卷,具有一定的概括性作用,对城市的发展走向作出精准定位,为建设城市提供了周密、翔实的计划,也就是说,城市规划把握着城市未来荣辱的命脉,与当地的精神风貌密切相关。

中国城市公共艺术发展必须与城市规划相结合。中国城市规划困难重重,许多城市失去了它原有的个性。自改革开放以来,我国的城市建设,无论是东西南北,城市还是乡村,人人追求发展速度。城市建设需要慢工出细活,急于求成带来的就是工艺的粗糙不精,幻想转瞬变得和别人一样“金碧辉煌”,参照国外的布局及建筑风格,古今照搬全收,必定会吃到恶果。求急求快是中国人翻身的寄托,这种寄托可以向前追溯到闭关锁国的农耕文明时期,在遭受多方列强铁蹄的践踏后,衍生出了对西方工业发展的盲目崇拜,由此奋起直追。这种愿景被一些浅薄者误解,意会为只要是西方的文明,就都可以吞入腹中,高估了我们的消化系统,导致我们的城市说老不老,说新不新,文明老城面目全非,新式城市缺乏本地的人文底蕴,丢掉了创造力和想象力。这是规划城市所要解决的棘手问题。创造是艺术的核心内容,在公共艺术规划中弃创造力如敝屣,一味遵照过去的建设思路,这个城市也将成为敝屣,从宏观角度分析,这是巨大的失误与失控,规划的编制也就失去了意义。如果在城市公共艺术规划编制这一项重要工作中,加入地方历史及特色文化,遵从中外艺术的发展导向,珍惜来之不易的艺术品,必定会激发人民的凝聚力和创造力,推进城市文化的持续发展,有益于公共艺术的规范创造。

城市的发展涉及方方面面,公共艺术是其中的一项工作,后者的进行依赖于前者,综合分析考量城市的发展现状和社会政治经济文化结构,从中总结出人文风貌,融入城市公共艺术的创作中,形成系统、科学、全面的城市规划体系,将城市的形象以意象的艺术品形式呈现给群众。经过合理规划后建设于城市公共空间中的公共艺术,必须具有高度的社会功能性、公众参与性、人文精神、城市环境与思维模式的契合度,与城市整体走势趋于一致。公共艺术的规划不能脱离城市,要在总体规划的基础上融入一些城市特色。

第四节 公共艺术与城市建设

公共艺术是居民生活大环境的调味剂,所以必然要满足人们的需要,并且符合大众审美,能够突出地域的特色。纵观现今城市公共艺术的发展现状,来分析这一工艺在城市发展中的功能。

一、现代城市建设与公共艺术的关系

现代城市是较为完备的生命系统,地域历史是城市的脊柱,支撑它经过世世代代的风雨洗礼,与各类文明艺术融合成一个完整的体系。人们用勤劳的双手开辟道路,像动脉一样遍布城市的土地,成为人们活动的支撑,公共艺术则是城市这一躯体的灵魂,给城市注入生机与活力。

(一)城市化发展带动了公共艺术的繁荣

随着物质财富迅猛增长,城市发展逐步升级,精神需求逐渐苏醒,人们对艺术表现出了莫大的热情。现今,经济不再是城市发展大戏的主角,人文精神和文化素养逐渐取而代之,成为城市形象的代言人。

城市环境建设的地位与日俱增,成为城市发展的主力军,为其冲锋陷阵的公共艺术成为各个场所项目的新星,在各大城市得到空前繁荣的发展,以多种表现形式为城市注入活力,交通工具和公共空间都是公共艺术的实物表现形式。艺术不再是高不可攀的,慢慢走近人们的生活,以独特的表现形式将城市的美妙事物展示给人们,艺术品的创作者们更自觉地担负起建设家园的崇高工作。

(二)公共艺术的繁荣提升了现代城市的品质

公共艺术是人文精神的现实体现,它代表城市的内涵与气质,是记录城市历史轨迹的一种方式。现今,公共艺术得到重视,越来越规范化,使

得优秀的作品得到展示的机会与平台，城市的整体形象显著提高。

公共艺术具有神奇的魔力，不仅能完善城市风貌，还能为城市文化历史的传承贡献一分力量。对于本地居民来说，公共艺术在使公众获得感官享受的同时，审美趣味也得到了提高，在这种艺术美中陶冶情操，实现艺术建设、道德与智慧的开发。公共艺术在公共空间中以艺术品的表现形式，潜移默化地提高城市的质量。

二、公共艺术在现代城市建设中的有效利用

公共艺术已经与我们的生活密不可分，涉及面非常广泛，主要分为以下几个方面。

（一）公共交通

交通是各个区域文化交流的工具，一种特殊的公共空间，人们凭借这一工具出行、游览、与亲友互动，城市艺术文明在此交融传递，象征着城市发展步入成熟。在推崇文化的地区，公共空间便是一个展示文化形象的媒介。

公共艺术在各国遍地开花，公共交通艺术就是其发展的重要产物，荷兰的著名艺术品《彩虹车站》位于阿姆斯特丹市，由罗斯加德设计工作室[①]创作，许多科学家也参与其中，如荷兰籍的科学家Frans Snik、美国籍科学家Michael Escuti。他们在火车站设计中融入光学科技，制造了一个可以散发白光的过滤器，能够呈现出彩虹的各种色彩。

阿姆斯特丹市的火车站已经建成125年，为了庆祝这一特殊的日子，科学家们协力设计了彩虹作品，通过可以散发白光的过滤器——4000瓦的灯，将“彩虹”映射到火车站的棚窗之上，约有150英尺宽，每天人们都可以在傍晚观赏半个小时的彩虹奇观，转瞬即逝的幸福时刻令大家格外珍惜，彩虹赋予了这个老火车站勃勃生机，环境氛围焕然一新，它挣脱了外界因素的束缚，以科学的手段呈现出与自然景观一致的现象，颠覆了传统的认知，给人以全新的理解，这一公共艺术作品给人们带来非凡的体验，创造出与自然现象相关联的艺术场域，并应用了天文学的相关知识，增加了其科研价值。

① 罗斯加德工作室是荷兰艺术家兼创新者丹·罗斯加德的社会设计实验室。罗斯加德为了实现更美好的世界，携手设计师和工程师团队共同创建了一系列“未来景观”设计。

新加坡的樟宜机场也有公共艺术的元素，科学家们在1号航站楼的出境大厅设计了动感的金属雨滴雕塑，它可以自由升降，借鉴于德国的艺术品集体ART + COM（一个德国著名的顶尖互动设计工作室，有着创意新锐的设计师），将夏季多雨的自然现象融入其中。雨滴取自轻铝材质，表面覆有铜，该作品由两组雨滴组成，每组608滴，固定于钢丝上，由电脑的相关程序控制移动，最后呈现出跳舞的直观感受。整个装置的面积超过7平方米，高超过730米。科学家设计编程需要15分钟，两组雨滴同步移动，多种形式变换交替，聚光灯照亮了作品的美，展示出雨滴的运动的情形，极力为旅途中的人们创造一个愉悦的景观。

（二）城市建筑与城市广场

建筑是城市的硬件设施，能够突出城市的特点，所以建筑是一个城市的名片，它的外貌特征与空间尺度给人的感觉十分直观，直接影响人们对于城市的评价。以杭州为例，西湖周围的建筑多为绿灰色，建筑风格依山傍水，随势安排，造型古老，高矮排布有序，营造出一种舒缓、淳朴、温馨的韵味，突出杭州的地域环境特点。

耶路撒冷市政府邀请设计机构HQ architects在城市中心广场为其安装了一株巨大的红色充气花朵，名为“warde”，整株花朵分为两个部分，每一个跨度都为9米，以蓝蓝的天空为背景，娇艳的花朵更显媚态。但是，不能肤浅分析这只是观赏品，建筑师在花朵内做了巧妙的设计，将探测感应器置于其中。它能够感知到人是否存在，从而进行打开闭合的调节，当人在花朵下停下时，花朵便接收到信号，自觉充气，展开形成一个美丽的花冠，提供给人们进行休息，享受惬意的环境。

总结发现，人文环境和生存理念是城市公共艺术建设必不可少的因素。如园林建筑、环境优化，多用碎石或青石板铺路，在人造景观的周围，会增加一些自然界的景致，以此创生出更好的视觉享受。

（三）基础设施

城市中的许多建筑朝着多元化发展，融入公共艺术元素，蕴含着城市的文化素养以及历史文明，将城市的真善美传递给前来休闲度假的市民。美国范奈斯机场消防部门的标志性建筑是一座庞大的雕塑——“Water Tower”，这是一个32英尺高的白色水塔，参照消防部门实施灭火工作时，消防水管强有力地喷射水柱的状态，以白色钢板为材料，更能彰显出力量感，当光线射到钢板上时，形成柔和的视觉效果，与水的形态十分接近，可见原创作者倾注的心血。这座高大的雕塑还另有妙用，该地是防护火灾的重要阵地，机场的消防人员工作地点偏僻，通过观测白色高塔，从而时刻准备着救援工作，功用非常之大。

法国艺术家 ARQX Architectsi 经过综合分析葡萄园的地段特点、群众社会活动等方面，为学生设计 Mongao 小学里的 Preau 雨天操场，不仅便于学生活动，优化自然景观，还有多方面功用，成为城市建筑的点睛之笔，具有不可忽视的作用，是城市规划的重要内容。充分体现出城市的艺术造诣，符合城市居民的审美趣味。雨天操场盛产葡萄，其空间设计结合了自身的产业特色，以葡萄的形态特征为依据，使用金属作为横向支撑，垂直方向上选用花岗岩作为建筑材料。由一根结实的支柱作为主梁，架起屋顶，设计布局十分清晰，自然呈现出葡萄树的形态。"Preau" 在法语中有覆盖的意思，与汉语中的概念并不相同，表现的是独立的意味，工艺建筑中经常涉及的因素，在法国文化中，是较为重要的内容，大意为"(有覆盖的)雨天操场"。法国的某些城市天气多变，通过这种途径创造出安全的区域，给人以充足的区域自由活动。

伦敦的一个火车站风格独特，与换乘广场前后毗邻，为广场提供了有利的背景，占据该项工程的主体地位，大大提高了两站之间的游客互动，使得游子们在奔波的同时，还能有愉悦的体验。在美国拉斯维加斯，一个专业设计团队在当地音乐广场上设计了一款公共设施，用绿色的木板组建成一套公共空间座椅，两组体积庞大的座椅交错在一起，层层叠叠，整体布局呈几何图形，人们可以在座椅上相互交流。半圆形的舞台排布在公共空间中心，仿佛是古罗马时期的竞技赛场，每个椅子既是座位也可以供人倚靠，用处多多。在其他区域，划分出一片三角区域，设计成与周边环境一致的颜色，与自然保持着一种默契，拉近公共空间与人的关系，减弱彼此之间的生疏。

三、公共艺术应营造城市环境识别系统

(一)城市建设特色离不开公共艺术文化的有效传递

每个民族都有其特色文化，它是外界评价该地区的重要指标，也是城市之间竞争的资本，与城市的一切内在品质融合在一起。城市的发展离不开文化底蕴的支撑，在合理探究利用民族文化的同时，通过艺术创造将本民族的财富以生动公共建筑的形式传递给众人，凸显民族文化的魅力所在。

民族图腾是一种神圣的符号象征，选取具有代表性的符号加以利用，创设具有民族特色的住宅景观；城市中心是文化交流的枢纽，将不同的民族文化融入周边空间，建立无论是室内装饰设计还是室外的建筑风格都透露着当地的特色，形成别具一格的建筑群；旅游景点是各地人的聚集地，服务区是展示民族特色的最佳场所；居民区要注重整体的协调和规范性，将特色服饰和装饰一一展现出来，在特色中凸显个性，利用带有地方特性的建筑材料进行装点。

(二)城市特色的体现与环境识别系统

城市的发展步伐飞速前进，如何有效地获取公共信息是大家的关注点，合理规划整合城市的符号信息和导向标志是环境识别的重要内容，能够帮助人们迅速捕捉对自己有利的信息，使得城市高效有序地运转。城市通过一些代表性事物来向外传递城市人文风貌，如城市的特色建筑、市歌、能给城市带来福运的吉祥物、道路标识等，都能体现这座城市的精神理念。日本关于环境识别的优化做得细致入微，不仅考虑到环境因素，对于环境中的一切设施设计材料都逐一进行分析处理，在各个空间能够同时体味感受到城市的文化内涵。相较于日本，中国的环境识别发展有待提高，相关设施需要跟上时代的发展。

21 世纪的发展理念是以人为本，注重人的全面发展，人们开始追求高品质生活，城市公共艺术的水平是评价区域环境的指标，城市生活的革新以公共艺术为基石，公共艺术是延续历史文明的介质，优化城市的建筑景观，提升人们对本地文化的认同是其最重要的功能之一。通过各种手段，利用公共艺术创造具有地方特色的新城市，符合大众期待的工艺。

第五节　公共艺术与城市空间的营造

公共空间的艺术建筑少不了装饰品的修饰，但这些装饰品的范围较为广泛，城市中除自然环境以外凡是具有艺术性的工艺品都可以定义为装饰品。它随着城市要素的发展而发展，象征着人类对于生活品质的诉求，这种意识觉醒促使人们关注环境的整体性。这些装饰品在其各自特定的区域，以其独特的艺术性在大环境中发光发热，与周边区域密切往来，以当代城市的文化特色为依据，不断更新着建筑风貌和特点。

公共装饰品是城市的化妆师，通过神奇的色彩搭配将城市的文化特色及审美品位展现得淋漓尽致，主要体现在以下方面。

(1)创设外部区域模式。工艺装饰品是城市建筑景致和空间布局设计的重要组成部分，对于环境的人性化设计和布局的整合、城市区域的有序性和建筑的立体感影响深远，城市环境的整体建构也取决于装饰品的组构与模式。

(2)城市人文风貌的体现。服务于外部景观的装饰品，是地方文化特征的发言人，风格形态必须符合城市公共空间的人文特色，以地域文明为主线，从城市文化的众多细枝末节中去自我提升。

装点城市建筑的饰品多种多样，范围广泛，统一特征就是具有一定的艺术性，如景区的廊亭楼阁，公园的花坛、水池，广场的艺术雕塑等，体现了城市居民的生活痕迹，传递城市文明的“美”，供人观赏活动。本节我们要从公共空间的环境效能入手，进行细致探究。

一、城市文化广场

广场是城市公共空间的一部分，是居民活动交流的介质，承担着传承地域人文精神的责任，将历史文明融入广场设计，呈现城市整体结构中各个角色之间的关系，让生活在此的居民信任城市，让旅人能够体会到城市的非凡之处。

西安的大雁塔①北广场是具有唐代古典文化代表性的公共空间，位于城市街区的主要地段，广场的一砖一瓦处处彰显着大唐的时代风貌。雕刻有唐代著名书法家作品的浮雕有4组，共16块，其中包括欧阳询、颜真卿、褚遂良②等一代名家，这些流传于世的书帖与具有唐代特色的花纹浮雕形成亮丽的风景线，交相辉映，处处充斥大唐文化的气息。

除了颇具特色的地景浮雕，大雁塔的灯柱也别具一格，现代材料与唐代文化巧妙地融合在一起，将唐代的代表性文学形式——唐诗镌刻于浮雕上，人们在欣赏恢宏建筑的同时，也能品一品唐诗的韵味。为了给人以舒适的观赏效果，设计师将轻薄的绢丝玻璃罩在灯柱外面，呈现出柔和温

① 大雁塔位于唐长安城晋昌坊(今陕西西安)的大慈恩寺内，又名“慈恩寺塔”。唐永徽三年(652年)，玄奘为保存由天竺经丝绸之路带回长安的经卷佛像主持修建了大雁塔，最初五层，后加盖至九层，再后层数和高度又有数次变更，最后固定为所看到的七层塔身，通高64.517米，底层边长25.5米。

② 褚遂良(596—658/659)，字登善，杭州钱唐(今浙江省杭州市)人。唐朝宰相、政治家、书法家，弘文馆学士褚亮之子。

馨的灯光,设计思路十分巧妙。

烟台滨海广场的地理位置临近黄海,在广场的座椅设计中加入了海洋元素,采用结实环保的花岗岩作为仿生海豚的材料,融合了当地的特色文化,给市民的社会活动提供了兴趣和场所,成为本城市的特色风景,大大推动了旅游产业的发展。建筑设计诙谐有趣,为人们的生活增添了乐趣,是城市建筑设计必不可少的因素。

二、城市特色街道

街道和广场一样是组成城市环境的重要因素,也是市民活动的公共空间之一。街道将公共区域与市民的私人空间分割开来,起到一个分界线的作用。有别于以广场为代表的公共区域,街道是较为狭窄的空间,有利于人们发挥想象,创设生活艺术。

(一)芝加哥的街道艺术

美国芝加哥南区街区的一条小街经过设计师施法,蜕变为一个充满生机的新城市。形状奇特的植株、隐约可见的桌子、兼具照明与铺路功能的石头,街道横亘在新式建筑与古老街区之间,与它们融洽和谐地连接在一起。随处可见的皂荚树为其提供了思路,多个钢铁材质的树状结构屹立于广场之上,为来来往往的市民、游客遮蔽阳光,钢树扎根于混凝土中,四片巨大的树叶随风散落在地,暗喻城市被经常出现的大风所挟持,生动形象。

(二)巴塞罗那街道艺术

在西班牙巴塞罗那街头,处处可见精心设计的公共艺术,其中有许多还兼具街道家具的功能(如图 2-4 所示)。最让人印象深刻的,可以说是一组宛如树木的路灯,那些高耸的褐色路灯与数棵棕榈树混植在一起,高高低低,姿态各异,既优美又充满了独特的生命力。

图 2-4　巴塞罗那街道艺术[①]

（三）成都宽窄巷子艺术

宽窄巷子无疑是成都老城众多保护区中的新地标，灯火迷离下的街巷很喧嚣，推门走进青砖灰瓦的小院又很幽静，闹中取静，别有洞天。宽窄巷子是清朝所建，保留了很多地方特色的文化元素，比如刺绣、雕刻、剪纸等民俗，独具一格。小巷的青砖灰瓦上还落着历史的尘埃，灯光幽暗的酒吧却放着现代音乐，宽窄巷子就是这样一条动静皆宜、怀古望今的街巷。

（四）杭州滨湖国际名品街景观装置设施

上有天堂，下有苏杭，杭州是具有特色文化的古都，设计师结合杭州滨湖名品街的特点，将商业街与溪流交融在一起，再现西湖风貌，绵延的溪水为刻板的商业街注入生气，也凸显出城市街区的有序性。紧张的商业街区在这种自然景致之下少了分冰冷，多了些和谐。河岸的岩石高矮不一，粗细有别，细腻的岩石可供人小憩，另一面则成为浪花翻涌的栅栏，这种冷暖色调的融合交相呼应，突出人们对祖国的文化的热忱。

设计师选用板岩为材料，进行地面装饰，使其不再影响街区景致设施，而具有观赏价值。

① 图片来自作者拍摄。

（五）杭州街头装置设施

杭州素有“丝绸之府”“人间天堂”之美誉，依靠深厚的文化及历史底蕴，成为国内重要的旅游城市。杭州街头景墙设计以中性的灰砖与街道色彩统一，菱形格的花砖重复镂空增加了墙体的装饰性和传统气息，而红色的玻璃板又体现了新旧之间的冲突，在这种对比中，寻找一种艺术和谐。

西湖滨水景观漫步道（如图 2-5 所示）以杭州古城郭图形成大面积的地景浮雕（如图 2-6 所示），使游客寓教于游，增加了景观的参与性和知识性。地景浮雕的标识牌也采用了书卷的形式，体现古城韵味。

图 2-5　西湖滨水景观步道[①]

图 2-6　西湖小道地景浮雕[②]

① 图片来自摄图网。
② 图片来自摄图网。

"西湖天地"作为西湖边上的滨湖商业餐饮休闲区，其景观标识既要体现明确的识别指示，又要具有文化内涵。其指示牌的设计就打破了呆板的单面观板式设计，而采用文字和图面的结合，借鉴了石鼓的造型，把标识地图浮雕在石鼓的鼓面，而文字指示刻于直立的看板，形成了石鼓竖向上的延展。

三、城市商业区

城市商业区是各种商业活动集中的地方，以商品零售为主体，附带与它相配套的餐饮、旅游、文化及娱乐服务，也可有金融、贸易及管理行业。商业区内一般有大量商业和服务业的用房，如百货大楼、购物中心、专卖商店、银行、保险公司、证券交易所、商业办公楼、旅馆、酒楼、剧院、娱乐场所等。

商业区的分布与规模取决于居民购物与城市经济活动的需求。人口众多、居住密集的城市，商业区的规模较大。根据商业区服务的人口规模和影响范围，大、中城市可有市级与区级商业区，小城市通常只有市级商业区。在居住区及街坊附近有商业网点。

商业区一般分布在城市中心和分区中心的地段，靠近城市干道的地方，要有良好的交通连接，使居民可以方便地到达。商业建筑分布形式有沿街发展和占用整个街坊开发两种。现代城市商业区的规划设计，多采用两种形式的组合，成街、成坊地发展。西方国家的城市一般都有较发达的商业区，例如美国城市的闹市区、德国城市的商业区。商业区是城市居民和外来人口进行经济活动、文化娱乐活动及日常生活最频繁集中的地方，也是最能反映城市活力、城市文化、城市建筑风貌和城市特色的地方。

四、城市主题公园

主题公园是一种特殊的文化产品，是人类利用智慧和创造能力的产物。无论是模拟、微缩、集中某些景观还是人文景观，它都属于标有精神记号的文化旅游产品。而城市化是当今各种产业发展的大背景。在这种背景下，主题公园应该发展成为城市文化的制高点，昭示城市的文明和理想，超越区域乃至国界，具备强文化辐射力度。纵观世界成功的主题公园，其感染和吸引亿万民众的核心气势是其无可争辩的文化浪潮。

乐岛海洋公园是国内一处规模较大的海滨城市主题公园，它是以蓝天、碧海、金沙为依托，将观赏、娱乐、休闲、刺激、运动、科普融于一体，以海底观光、海下潜水、水上娱乐、海洋动物展示、文化表演等为主的环保生态型海洋公园。公园主要分欢乐海湾、海洋剧场、文化广场、戏水乐园、海滨浴场、运动休闲等六大活动区域，欢乐海湾有建筑面积 1800 平方米、室内水域面积 1200 平方米、水深 5 米 ~9 米，循环水量达 8000 吨的“海底世界”，可直接观赏各种珍稀鱼类及“美人鱼”的水下表演；在海狮湾、鲨鱼湾、海豹湾、海龟湾等处可尽情观赏露天放养的海洋哺乳动物群。开放式的海洋剧场，可同时容纳 2800 人观赏动物明星的精彩表演。占地两万多平方米的戏水乐园，可容纳 5000 人同时参与漂流、戏水、攀岩、跳水等惊险的水上刺激项目，另有儿童戏水区，为孩子的开心乐园。海滨浴场，有长达千米、宽达 80 米的海岸沙滩，有泥浴、潜水湾、沙滩足、排球场等配套项目，游客在这里可以享受到多方位服务。巨资打造的运动休闲区，设有游船码头、海上运动场、游艇、拖曳伞、香蕉船等，走进这里会见到一个激情迸发的精彩世界。

第三章

城市公共艺术的发展与建设

第一节 国外城市公共艺术的发展沿革

一、城市公共艺术的起源

城市公共艺术肇始于欧洲，在美国得到繁荣发展，近年来随着互联网和全球化的快速蔓延与发展，呈现出多元化发展趋势。

如果以人们对于公共艺术最基本的理解来定义它的话，公共艺术的萌发可以追溯到远古时期。这些公共艺术作品一定是为广大受众而创造，为吸引他们的关注而放置在某处的。其意在提供一种启发性、纪念性或是娱乐性的艺术体验，通过被广泛理解的内容来传达公共信息。在艺术和公众的日常互动中，它在其所构建的语境里不断强化其设定的观念，比如，数量惊人的描绘古代统治者的雕塑作品和标榜某王朝武功的凯旋拱门，其目的是增强自信和激发忠诚。然而，为大众而不是统治阶层服务的公共艺术却是晚近社会才逐渐发展起来的概念。比如，受法国大革命推动，人们要求将原本归属皇家私藏的卢浮宫向民众开放（而卢浮宫也确实于 1793 年 8 月 10 日对外开放）（如图 3-1 所示）。卡洛儿 · 邓肯（Kalor Dunkun）认为，这种公共艺术的机构及努力成为"政治美德的佐证，是政府为大众办实事的象征"，也是"保护历史遗迹、提供公共福利的行为"。

图 3-1 卢浮宫[①]

① 图片来自作者拍摄。

（一）古希腊与古罗马的公共艺术

古希腊[①]（前800—前146）是目前有据可查的政府和人民开始有意识建设城市公共艺术的最早时期，当时大量人民聚居的城市内已经有了最初的用于反映当时的政治权利以及宗教思想的各类型作品，而当时的公共艺术的主要表现形式多是雕像艺术等。由于希腊的城邦制度以及当时比较开放自由的民主风气，所以这些各种表现形式的公共艺术作品在城市中除了能够起到良好的宗教与政治象征作用以外，更重要的是融入了普罗大众的日常生活中，对城市文明和人民整体精神文化的建设起到了重要作用，而且这种公共艺术建设方式从某种程度上来看甚至要在优越性上超越现代，因为当时的公共艺术建设直接作用于人民且直接受到人民对其评价的影响，可以说这种为每个人民而存在也可以为人民的整体意见而作出修改的公共艺术建设才是正确的艺术表达方法。古希腊最早也是最典型的公共艺术建设的例子就是帕特农神庙[②]，这一建设在雅典卫城（建于前447—前422）的建筑，也是当时的政治权威标志、宗教神学色彩和能够反映人民诉求的民主风气的有机结合，而这种微妙的平衡在未来的很多年里都很难再次出现了。

在公共艺术建设方面紧随古希腊之后的就是罗马帝国，在罗马帝国的统治时期，城市公共艺术建设主要是为统治者服务的，城市中的绝大多数城市公共艺术表现都是为了体现出统治者的权威性和光辉性，为了让统治者的形象深入人心且显得光芒万丈，很多雕像矗立在城市中的每个角落，这种行为尤其是在大名鼎鼎的盖乌斯·尤利乌斯·恺撒[③]，也就是我们所说的恺撒大帝作为罗马执政官期间更是愈演愈烈，对统治者的崇拜以及个人英雄主义的推崇远远高过了民主自由的呼声，这也为日后罗马的衰败和灭亡埋下了种子。有了后期的罗马统治者开头，后来作为西方主要宗教信仰的从基督教中脱胎而出的天主教和伊斯兰教等也纷纷效

① 古希腊（Greece），是西方文明的源头之一，古希腊文明持续了约650年（前800—前146），是西方文明最重要和直接的渊源。

② 帕特农神庙位于希腊雅典卫城的最高处石灰岩的山岗上，是卫城最重要的主体建筑，又译为“巴特农神庙”。帕特农神庙之名出自雅典娜的别名。拉丁字母中Parthenon即希腊文Παρθενωνας的译写，意为“处女的”（词根παρθενος，“处女”）。柱式上，帕特农神庙采用的是多立克柱式。

③ 盖乌斯·尤利乌斯·恺撒（Gaius Julius Caesar，前100—前44），史称恺撒大帝，又译盖厄斯·儒略·恺撒、加伊乌斯·朱利叶斯·恺撒等，罗马共和国（今地中海沿岸等地区）末期杰出的军事统帅、政治家，并且以其优越的才能成为罗马帝国的奠基者。

仿这样的做法，通过在城市中的很多位置纷纷设立上帝或者教皇、圣徒以及天使等的雕像的方式提醒信众神灵以及神灵光辉无处不在。抛开公共艺术与君权统治、神权统治等千丝万缕的内在关联，城市公共艺术的发展也受到很多其他元素的影响，比如各种大型民间艺术活动等，比如罗马教廷也曾经在东方教会的影响下创造了别具一格的拉文纳马赛克[①]艺术，也就是我们今天常说的马赛克的最初发展状态。

（二）文艺复兴时期的公共艺术

起始于意大利而后辐射了整个欧洲大陆的文艺复兴（14—16世纪）是艺术发展史上浓墨重彩的一笔，其对于城市公共艺术的发展建设同样起到了非常重要的作用，那一时期的艺术作品不但多如繁星，而且在艺术成就上也少有其他时期能与之相提并论。作为文艺复兴运动发源地的意大利在文学艺术的创作和发展上向来不乏过人之处，与更加靠近北方的北欧文化运动不同的是，意大利在文艺复兴时期主要受到教廷的影响和控制，因此在文艺作品方面也表现出了更加浓郁的宗教色彩，这与教廷的控制力度以及资金支持力度有很大关系。这一时期的意大利在城市公共艺术建设方面的发展主要偏向于绘画和雕塑艺术，比如乔托·迪·邦多纳[②]就是这一时期表现最出彩的几位艺术家之一，他除了是意大利著名建筑师，更有“欧洲绘画之父”的美誉，在文艺复兴时期，此人曾经在帕多瓦的斯科洛文尼教堂留下了著名的壁画，为整个教堂添色几分，留下了一段佳话。

佛罗伦萨市政广场（Piazza della Signoria）（如图3-2所示），也叫领主广场，是意大利佛罗伦萨旧宫前的广场，得名于旧宫（领主宫），它始建于13、14世纪。佛罗伦萨市政广场因为周围的精美建筑而被认为是意大利最美的广场之一。这里是佛罗伦萨共和国起源与历史的焦点，至今仍享有该市政治中心的名声，也是佛罗伦萨人以及众多游客的聚会地点。广场东南角的传统的行政中心——旧宫（Piazzo Vecchio）雄视整个广场。旧宫的左侧是美丽的晚期哥特式风格的琅琪敞廊，敞廊由本齐·迪乔内和西莫内·托冷蒂于1376—1382年建造。里面陈列着重要的雕塑作品。

① 马赛克又称锦砖或纸皮砖，发源于古希腊。建筑上用于拼成各种装饰图案用的片状小瓷砖。

② 乔托·迪·邦多纳（Giotto di Bondone， 1266—1337），意大利画家、雕刻家与建筑师，被认定为是意大利文艺复兴时期的开创者，被誉为“欧洲绘画之父”。在英文称呼就如同中文一样，只称他为Giotto，乔托。艺术史家认为乔托应为他的真名，而非Ambrogio （Ambrogiotto） 或Angelo （Angiolotto）的缩写。

其中较著名的有米开朗基罗的《大卫》、切利尼的《帕尔修斯》(1554年)和章博洛尼亚的《海克力斯与半人马》。建筑的右边是巴托洛米奥·阿曼纳蒂和他的助手们创作的《海神喷泉》(1563—1575年)。水池正中海马拉的双轮战车上立着巨大的白色海神像,佛罗伦萨人称它为“大白雕”(bian-cone,一种猛禽)。水池四周还有多姿多彩的青铜雕像。喷泉的北边竖立着章博洛尼亚创作的科西摩一世骑马像(1594年)(如图3-3所示)。

广场四周是造型朴素的历史建筑。市政广场是开放式的,周围环绕着旧宫、乌菲齐美术馆、商人法庭、乌古其奥尼宫、佣兵敞廊和众多的咖啡厅、酒吧。在广场上有许多精致的雕塑和喷泉点缀。

在领主广场边的佣兵敞廊,这个壮丽的露天博物馆见证了千百年的权力。在古罗马时期,这里已经是一个中心广场,周围是剧院、浴室和染坊。后来这里建起了巨大的圣Romolo教堂。20世纪80年代重铺地面时,在广场地下发现了考古宝藏,甚至发现了新石器时代的遗址。

图3-2 佛罗伦萨市政广场[①]

① 图片来自作者拍摄。

图 3-3　博洛尼亚创作的科西摩一世骑马像[①]

（三）巴洛克时期的公共艺术

天主教在各种艺术表现形式以及宗教活动中对人民思想的把持也是最频繁的，比如在 17 世纪天主教就曾经通过各种形式的宗教活动宣扬教会思想以及天主教文化。而罗曼蒂克风格艺术表现形式隶属于巴洛克艺术[②]的艺术手法就是这一时期的教会在改革运动中主要使用的艺术手段之一，通过罗曼蒂克风格的建筑以及雕塑、绘画等的表现，17 世纪的天主教为城市公共艺术风格的多元化建设作出了不小的贡献。乔凡尼・洛伦佐・贝尼尼[③]（Gianlorenzo Bernini）是与声必达大教堂的建筑同一时期

① 图片来自作者拍摄。

② “巴洛克”是 1600 年至 1750 年间在欧洲盛行的一种艺术风格。它产生在反宗教改革时期的意大利，发展于欧洲信奉天主教的大部分地区，以后随着天主教的传播，其影响远及拉美和亚洲国家。巴洛克作为一种在时间、空间上影响都颇为深远的艺术风格，其兴起与当时的宗教有着紧密的联系。

③ 乔凡尼·洛伦佐·贝尼尼(Gianlorenzo Bernini，1598—1680)，意大利雕塑家、建筑家、画家。早期杰出的巴洛克艺术家，17 世纪最伟大的艺术大师。贝尼尼主要的成就在雕塑和建筑设计，另外，他也是画家、绘图师、舞台设计师、烟花制造者和葬礼设计师。

的著名雕塑家，其作品《神志昏迷的圣德列萨》至今仍然是雕像艺术史上的一座丰碑，这个被放置于罗马科尔纳多礼拜堂的雕像在人物的细节刻画与艺术体现方面几乎冠绝一个时代，无论是从天而降向圣女投掷燃烧的金色利箭的圣天使还是在表情和衣着方面都被刻画得十分细致的圣德列萨都倾注了作者的心血，从衣服的褶皱等细节方面无不体现出作者深厚的功力以及艺术表达能力，《神志昏迷的圣德列萨》雕像的四周被安装了镀金的金属栏杆，这些栏杆除了加强雕像安全性的考虑之外在灯光下栏杆还会反射出金灿灿的光辉，为天使与圣女的雕像添加一分仿佛在天国与人间交汇之处的神秘感，这同样属于雕像艺术表达的手法之一，增强了作品的艺术性和戏剧性。鲁本斯[①]（Rubens）、卡拉瓦乔[②]和委拉斯贵兹[③]和贝贝尼一样，也是17世纪西方著名艺术家，而同样是由于时代的影响，这些人的艺术表现手法中或多或少存在宗教元素的参与，而且这种影响是长久而深远的，这些艺术家一生的作品中少有与宗教艺术无关的纯粹艺术。

（四）18—19世纪的西方公共艺术

公共艺术在18—19世纪的发展远没有17世纪中不同思潮和不同统治阶级斗争碰撞带来的澎湃激情与宏大命题，该阶段的西方公共艺术发展与之前相比更加倾向于作品的实效性，比如通过带有对前人或某些重要事件的纪念价值的雕像或者城市功能性建筑表达自己的艺术思想或其他情感，也正是这样的原因导致当时的城市公共艺术建设的概念虽然还没有被正式提出，但是对城市公共艺术建筑与雕像的建设却已经如火如荼地开展起来。在这两百年中，天主教由于种种原因削减了对艺术家群体的资助和支持力度，导致这段时间内的公共艺术建设与之前相比失去了部分华丽的风格，从对光鲜亮丽外形的重视逐渐转向对实用性和内在艺术表达的重视，在雕塑作品中英雄、国王和主教等出现的频率越

① 彼得·保罗·鲁本斯（Peter Paul Rubens）（1577—1640），教名伯多禄·保禄·鲁宾斯，17世纪佛兰德斯画家，西班牙哈布斯堡王朝外交使节，是巴洛克画派早期的代表人物。

② 米开朗基罗·梅里西·达·卡拉瓦乔（意大利语：Michelangelo Merisi da Caravaggio，1571—1610），意大利画家，1593年到1610年间活跃于罗马、那不勒斯、热那亚、马耳他和西西里。他通常被认为属于巴洛克画派，对巴洛克画派的形成有重要影响。

③ 迭哥·德·席尔瓦·委拉斯贵兹（1599—1660）出生于西班牙商业艺术中心塞维利亚。塞维利亚不仅有着优秀的民间美术传统，而且意大利先进美术的影响也波及这里。是17世纪西班牙影响最大的现实主义画家。

来越高。纳尔逊纪念柱（如图 3-4 所示）矗立在英国伦敦市中心特拉法尔加广场[①]上，与之相对应的英雄人物是英国海军上将霍雷肖·纳尔逊[②]（Horatio Nelson），此人生前是著名的海军将领且英勇善战，尤其在抗击外来入侵的战争中立下了赫赫功劳，曾经击溃法国与西班牙的联合舰队，杜绝了被拿破仑从海上攻入英国的可能。1805 年，他中弹身亡。为了纪念这位将领，在特拉法尔加广场竖立了高度足有 51.59 米的庞大纪念柱，这既是对前人的纪念也是对后来者的激励和提醒。

图 3-4 纳尔逊纪念柱[③]

与纳尔逊纪念柱类似的作品还有凯旋门（如图 3-5 所示），这个位于法国巴黎的城市公共艺术作品当得起举世闻名的赞誉，拿破仑在奥斯特里茨战役中以很大优势击溃了奥俄联军，为了彰显自己的功绩并且让法国人民对自己的统治地位更加认可，拿破仑兴建了这一著名建筑，后来虽然拿破仑两次战败最终被流放到荒岛上度过余生，但是作为法国人民心

① 特拉法尔加广场，英国伦敦著名广场，坐落在伦敦市中心，东面是伦敦城，北接伦敦的闹市索荷区，南邻白厅大街，西南不远是王宫，适中的地理位置和美丽的场建筑，使它成为伦敦的名胜之一。

② 霍雷肖·纳尔逊（Horatio Nelson，1758—1805），英国风帆战列舰时代海军将领及军事家。霍雷肖·纳尔逊在 1798 年尼罗河口海战及 1801 年哥本哈根战役等重大战役中率领皇家海军获胜，他在 1805 年的特拉法尔加战役击溃法国及西班牙组成的联合舰队，迫使拿破仑彻底放弃海上进攻英国本土的计划，但自己却在战事进行期间中弹阵亡。

③ 图片来自摄图网。

目中用于表达对胜利的信念的凯旋门建筑仍然得以保留，即使在今天也是法国巴黎最著名的景点之一。

图 3-5　巴黎凯旋门[①]

不提其他欧洲国家，仅是美国在这段时期内就有国会大厦、自由女神像以及圣帕特里克大教堂（如图 3-6 所示）等在如今也广为人知的城市建筑，但美国作为实用主义和自由风气的代表性国家，在城市建筑中还没有将艺术性作为表达的主要内容。欧洲作为艺术发展历史更加漫长且多元化的地区，即使在城市的功能性建筑的建设方面仍然不忘添加大量艺术表现元素。同样是在 18 世纪和 19 世纪的建筑，伦敦国家画廊、英国国会大厦（威斯敏斯特宫也许是更加广为人知的称呼）（如图 3-7 所示）即使有其实效性，但在艺术表象形式上分别运用了最新的新古典主义风格和新式哥特风格，包括埃菲尔铁塔以及巴黎歌剧院等著名建筑也是在考虑到功能性问题之外融入了最新的艺术表现元素。

① 图片来自作者拍摄。

图 3-6　美国圣帕特里克大教堂[①]

图 3-7　英国国会大厦[②]

（五）20 世纪的西方公共艺术

20 世纪的统治者不再以教皇和君主为主，其他形式的国家政权的诞

① 图片来自摄图网。
② 图片来自摄图网。

生为城市公共艺术建设赋予了别样的政治色彩，城市公共艺术有了更多的属性，比如最典型的宣传能力就是在这一时期正式诞生且发扬光大的。那段时间内苏联全国各地的海报以及绘画、雕塑等都具备一目了然的政治风格，从文字到行为与动作等方面的表现形式上都充满了对国家的热爱与讴歌，同时还有对工人阶级的赞扬以及鼓励，是工业和公共艺术的结合典范。20 世纪除了苏联通过公共艺术这一渠道向民众传达政治思想和国家情怀，其他国家也有很多类似的举措，比如墨西哥的三位艺术家迭戈·里维拉、大卫·阿尔法罗·西凯罗斯和何塞·克莱门特·奥罗兹科就携手发动了在历史上声名赫赫的墨西哥壁画运动，通过在不同的建筑物的外侧喷涂、绘画不同的作品传达不同的思想情感，为当时的墨西哥革命者们造势，在墨西哥全境宣扬相关的民主自由思想，这也是公共艺术对政治的表达形式。还有如今在欧美的影视作品中频繁出现的街头涂鸦艺术也是诞生于那一时期，虽然在法律法规层面以及居民认同度方面存在一定的问题，但是不可否认的是，涂鸦艺术作为一种人人可以参与的艺术表现形式，从一个侧面丰富了原本的艺术概念。

二、城市公共艺术的发展

现代意义的公共艺术作为一个独立的名词及公共政策发端于美国，自从 20 世纪 30 年代罗斯福推行“新政”到 20 世纪 50 年代的百分比公共艺术政策的出现，这段时期可视为美国公共艺术的萌芽期。美国在 20 世纪 50 年代末、60 年代初开始全面推动公共艺术。经过半个世纪的发展，已成为世界上公共艺术最为重要的中心。1855 年，美国国会聘请意大利出生的画家康士坦丁·布伦米迪在国会大厦圆顶处绘制壁画，题目为《华盛顿的传说》，它颂扬了美国国父华盛顿的丰功伟绩，表现了华盛顿在象征着民主和科学的人物围绕之下执政的构想。这件作品被视为美国公共艺术的先河。1893 年，世界博览会在美国芝加哥举办，会场由著名建筑师与艺术家共同合作完成建立了建筑与艺术结合的楷模，深深地影响了 20 世纪初叶的美国城市美化运动。美国最高法院曾在 1954 年作出过这样的宣示：对于国家的建设不应该仅停留在道路、建筑等实体层面，而是要将艺术性和思想文化等对人民思想精神会造成深远影响的元素加入进去，否则等到城市社会建设趋于完善才想到思想建设就来不及了。在国家和社会的建设方面，美国确实做到了同时注重精神文明思想与实用性，而且将美学和公共艺术的思想融入到了社会结构建设和实体建设领域当中，从长远角度来看这样的做法确实是对社会可持续发展的考虑，也是对宏观角度下的社会福利建设的追求。

20世纪之交，"城市美化运动"在美国兴起虽然只是昙花一现，却留下了深远的影响。运动支持者们效仿欧洲的城市化运动，主张精心规划城市布局之后应当更多地考虑社会责任和秩序。美国城市规划理论家查尔斯·马尔福德·罗宾逊就是这一思想的代表，他提出了"公民艺术"这一术语，认为它是与功利、道德和教育功能息息相关，它存在的意义不仅关乎其自身，主要还是为了群体利益。经济"大萧条"使美国政府进一步加大了对艺术的扶持，但直到20世纪60年代政府才正式将其确定为永久性的政府职能。美国学者加里·阿普家称实用主义使美国不愿在国家层面对艺术提供扶持，尽管他也发现"政府支持的基础性民主途径"正在美国扎根兴起。下面我们将讨论三个美国联邦政府推行的公共艺术项目，它们对于美国"官方"公共艺术的发展有至关重要的作用。这三个公共艺术项目为：①罗斯福"新政艺术发展倡议"，它标志着美国第一次支持艺术家们创作彰显国家意识形态作品的共同努力；②总务署的"建筑中的艺术"项目，联邦政府将建筑成本的一部分划拨给艺术家们；③国家艺术基金会目前已取消的"公共场所中的艺术"项目，它向各地方社区提供相应的拨款。这里我们可以发现，"作为社会思想"的文化民主和"作为政府体系"的政治民主之间存在着明显的差异。

"新政艺术发展倡议""建筑中的艺术""公共场所中的艺术"共同的问题在于它们对"公共艺术"的理解，它们都认为公共艺术仰赖于实在性接触。如果艺术处于一个受众无须付费就可以自由进入(或者收费只用于基础设施或交通服务，观看艺术作品并不收费)的空间内，那它就可以被称之为"公共"。但这种"缩水"的定义忽视了艺术公共层面的真正含义，否定了其对与观众智力、感受和情感的互动能力。美国学者菲利普斯认为，"公共领域是一种心理状态，而非物理或环境建构"，她认为"人民"创造的艺术不必要设置在他们生活的日常路径中，但需要走进他们的心灵，启发他们的思想，也要承担有不满情绪出现的风险。正是这最后一点体现了政府资助的公共艺术的巨大缺点：传播善意和培养共识的意愿最终导致审美贫乏。这些艺术品大部分的缺憾在于它们可能没有冒犯到受众，但让他们感到厌烦。即便是早期政府委托制作的艺术作品也存在很多争议。霍雷肖·格里诺的大型雕塑《乔治·华盛顿》就饱受鄙夷。一些观看者认为让总统身着古罗马时代的宽外袍很失体统也过于裸露。但将官方资助公共艺术的水平提高到"免税的艺术预算购买的毫无艺术可言的作品"的水平以上，政府必须欢迎那些似乎与艺术资助不相协调的声音出现。学者埃里卡·多斯坚持认为，这种争议是"有益并充满希望的”,保持关于公共艺术的“激烈辩论”是美国仍保留文化民主可能的迹象。

（一）新政艺术发展倡议

20世纪30年代,美国人的生活在经济大萧条和农业危机笼罩下陷入低迷,罗斯福总统推行“新政”,其中的一系列社会进步运动使人民生活稍有好转。“罗斯福新政”目的是全面利他性的,既是为了满足人们的物质需求,也是为了满足精神需求,新政不仅强调解决下岗失业、商家倒闭、食不果腹、流离失所的问题,还将联邦政府定义为社会变革和启蒙运动的主要力量,致力于全体公民的福利。尽管存在某些不足,新政使很多美国人重返工作岗位,艺术家们也在联邦政府主持的最大规模艺术项目中找到了谋生之路。从1933年到1943年,在美国政府的扶持下,上千名艺术家创作出数以十万计的艺术作品,虽然新政的很多举措是临时性的,但是美国联邦政府对艺术发展的特别关注和支持的确是一项缓解经济危机的重要举措。首先是1933年爱德华·布鲁斯所主导的“公共艺术作品计划”,这一计划以按项目计酬的方式聘请职业艺术家为公共建筑创作。但是,在短暂的七个月后,人们清楚地意识到这种权宜之计不能满足长久之需。1935年,“联邦艺术计划”在公共事业振兴署的运作下成立。这一计划一直持续到1943年新政结束,当时美国进一步投身于“二战”。有人批评政府支持的艺术有涉法西斯主义之嫌。这是规模最大、最有名的艺术项目,使艺术家们能安心创作,为联邦和各地区公共设施贡献作品。在对艺术作品创作质量不甚关注的霍尔格·卡荷尔领导下,联邦艺术计划推进渐进性试验,提供公共艺术展、艺术课程和讲座等。新政的另外两个重要项目由美国财政部负责。而在1935年到1939年间,“财政部救援艺术计划”雇用艺术家,尤其是接受救济的艺术家为财政部承建建筑进行装饰设计。另外一个项目名为“设计艺术部”,由爱德华·布鲁斯1934年的提议推动,最初叫作“绘画与雕塑部”设计艺术部承担了为邮局创作壁画之类的工作,以此强调联邦政府在各大大小小的社区中的存在。同时,它还以人们熟悉的方式,创作容易辨识的主题,把艺术融入日常生活中。

（二）嵌入建筑中的艺术

总务署的“建筑中的艺术”项目的筹备工作从1934年就开始了,当时爱德华·布鲁斯建议将新造联邦建筑投入的百分之一用于艺术制作。最终这一提议由负责联邦建设项目的总务署负责落实,1963年被正式冠以“建筑中的艺术”之名。联邦新建筑总造价的百分之一，通常也叫作“艺术份额”，按照“建筑中的艺术”项目规定，应用于购买当代美国艺术家作品，后将维护和置换费用也纳入其中。1966年，项目被暂停，原因之一是建筑造价上浮。1972年尼克松当政时项目重新启动，自那时起，政府一直为艺术提供稳定的支持。1973年，项目开始引入国家艺术基金会麾下的“专业”评审团，以避免在遴选艺术家时出现的各种问题。评审团更倾向项目建筑师的想法和愿望，然而，有权对艺术家的遴选和任命最终拍板的是总务署，因此总务署就成了美国公共艺术风格的重要影响因素。尽管总务署确实推出了很多上佳的艺术作品，但建筑中的艺术项目工程在质量和效率上还是存在不少差异。工程最深远的影响或许并不在其作品本身，而在于公众对于公共艺术认知的增强，以及总务署以较高感知度对公共艺术的复杂性施加的影响。过去艺术家的角色通常是负责在项目结束阶段锦上添花，后来他们越来越多地出现在项目的规划阶段。“建筑中的艺术”项目按百分比配额的模式被很多州和城市艺术项目所借鉴，他们从建造预算中抽提艺术基金并在学校和公园等公共空间放置艺术品。然而，认为总务署一直在公共艺术发展中采取启蒙策略，却并不尽然，很多参与项目的艺术家对于特定空间的整体设计影响甚微，他们通常受命作出与现有建筑构思兼容的公共艺术方案。有些项目作品经过批评家苛刻的审议，他们默认成功的美术馆艺术家、画廊艺术家才是成功的公共艺术家，因此也导致随便放置的艺术品的方式大行其道。

（三）公共场所中的艺术

1965年，在约翰逊总统任内，国家艺术基金会（下称“基金会”）正式成立。这标志着美国历史上第一次将以税收为基础的联邦基金用于全国和地方在公共艺术发展上的支出。这样一来，公共艺术正式成为官方推动国家福利的重要举措。同时“文化扶持”被确定为政府的法定责任。就其核心目标而言，基金会的政策强调艺术体验的公共传播和获取。不论存在任何已知的社会阻力或不同的文化受众。它要为每一位个体提供获得公共艺术资源的机遇，让他们在社会生活中享有高质量的艺术环境。因此，基金会通常既推崇高雅文化，又希望能为大众所接受，以此来为每个人提供高质量的艺术。为达到这一目的，基金会于1967年成立“公共场所中的艺术”项目（简称A–i–P–P），意在让尽可能多的受众受益于公共艺术。其目标包括提高当代艺术的认知度；提高大众审美水平以及对公共空间进行社会文化再发展；为美国艺术家，尤其是新起之秀提供以公共场所为背景的工作机会；支持艺术实验推动社区在基金会和艺术设置方面的直接参与。

A–i–P–P 项目是美国政府最耀眼，有时也很有争议的公共艺术项目。该项目并没有明确判断艺术质量指标的具体标准，而采取了有意识的民主过程，公开接受质疑和辩论，其所面对的受众并不预设倾向性的艺术品位。在本节所探讨的公共艺术项目中，它最具平等精神。它的名称“公共场所的艺术”就具有重要的语义标识性。它并不注重内容、受众或艺术成为公共试用品的过程，而是关注艺术所处的物理场所本身。项目支持为公众所有或公众可进入的空间而采购或委托制作的艺术品。这就是公共艺术，是在个人家庭和美术馆以外的艺术。虽然公共场所的定义并不恒定不变，但就这样的概念形成共识要比就“公共艺术”的组成要素达成一致相对容易。为了达到这一目的，A–i–P–P 项目鼓励公民承担责任，提高公共空间的主人翁意识，其中也包括了募集资金。A–i–P–P 项目的融资渠道非常广泛，来自市政、企业、联邦和私营领域。这种多方参与的结果激发了大规模的讨论，并不断强调共同目标，同时这也充分显示了美国社会的多元性特征。A–i–P–P 项目代表了如此众多的利益和价值，其带来的结果也就不可能像预期中的那样单一。

1967 年，A–i–P–P 项目参与的首部作品《高速》是一个巨大的亮红色钢铁雕塑，在密歇根州的大急流城落地（1967 年委托制作，1969 年建成）。该作品的作者亚历山大·考尔德后来成了美国当时在世的杰出艺术家。最初，该作品因其较为抽象而饱受批评，但它最终成了城市认同的文化符号，从而成为该市的标签，从信笺抬头到垃圾箱，它出现在该市的每一个角落。这一雕塑开启了一轮社区公共艺术创作的高潮。尽管它并不能合乎每一个人的品位，大急流城（此前并不以艺术闻名）的市民们对于能在自己的家乡迎接很有声望的艺术家的重要艺术作品感到非常自豪。在早期发展阶段，A–i–P–P 的目标还很保守，旨在得到一个有名的艺术家的创作，他的作品可以为一个大型广场提供一个明确的关注点。而对于背景、信息和具体位置的特性等因素的考量则无足轻重。首次受委托创作的《高速》的成功具有启发性，它不是城市更新的替代品，而是这一进程中更大的一部分。西雅图接收了 A–i–P–P 的第二笔拨款，用于野口勇[①] 的《黑色的太阳》的创作。它是一个 9 英尺高的黑色花岗岩环形造型，其中间镂空、表面呈现出不规则造型的岩面。西雅图迅速将其纳入

① 日裔美国人野口勇（Isamu Noguchi，1904—1988）是 20 世纪最著名的雕塑家之一，也是最早尝试将雕塑和景观设计结合的人。野口勇曾说：“我喜欢想象把园林当作空间的雕塑。”

城市总体振兴努力的重要组成。该市成立了 A-i-P-P 项目常务委员会分阶段引进艺术家,成立由艺术从业者和社区成员组成的评审委员会,挑选公共艺术作品。随着时间的推移, A-i-P-P 项目的重点转向吸纳更为广泛的公众参与。它不再只注重知名艺术家的代表作品,而采取更积极的社区方式开展艺术项目。1973 年它已形成初步的指导方针,但 1979 年对于运作方式的修改极大地加强了社区对于艺术项目的责任。1991 年,基金会提议合并 A-i-P-P 项目与视觉艺术论坛的资助类别,1993 年合并得以实现。此后收到 A-i-P-P 项目拨款的公共艺术提议都更加强调"社会问题和多元文化主义"以及"选址的社会背景"。

第二节 中国城市公共艺术的发展与现状

从历史角度来看,我国人民在对环境建设的热情方面有很大不足,这也是长久以来的制度带给我国民众的深刻影响。封建社会君主统治的大环境强调的是"普天之下,莫非王土",属于人民的一切事物本质上都是属于统治者的,所以既然谈不上绝对的私有物品和私有空间,与之对应的公共空间的概念也就非常模糊,对公共空间的建设更加无从谈起。因此,我国的公共艺术真正开始发展还是在近现代以后。

一、从中华人民共和国成立初期到 20 世纪 80 年代

在中华人民共和国成立前,我国人民能够获得的个人权利是很少的,无论是在社会制度还是在艺术表现形式上,整个国家带有浓重的封建气息,所谓的艺术是社会上层人物才能接触到的娱乐品,底层人民既没有消费的能力也没有欣赏的能力。而公共艺术作为一种特殊的艺术类型也不是为人民服务的,其存在的意义是帮助统治者向底层人民宣扬特定的思想,属于封建统治阶级为了维护自身的统治稳固和其他形式的利益的手段,并不具备公共艺术应有的意义。封建社会的统治者不会给人民太多的自由,人民也由于习惯了被统治生活而不会主动追求自由,这就导致了当时的公共艺术并不存在自由发展的土壤,建设程度非常浅薄。

中华人民共和国建设的初期阶段,我国公共艺术的建设百废待兴,仍然需要有目的性地建设公共艺术,主要通过画像、雕塑等面向民众的艺术表现形式让人民群众有更多的渠道了解国家和国际的最新态势,鼓励所

有人民参与到社会建设中。

改革开放以后,公共艺术作为重要建设课题得到大力发展,"艺术要从生活中来到生活中去"成为我国公共艺术发展的指导思想,公共艺术必须符合一定的创作原则和艺术规范,反映现实问题。

北京首都国际机场的壁画《泼水节——生命的赞歌》于1979年9月26日落成,这在我国公共艺术发展历史上是举足轻重的大事,因为这件事可以看作我国公共艺术建设正式走向正轨的开端,这些绘画作品也是我国重要的公共艺术作品。之所以强调这些壁画具备的划时代意义,因为它们初步脱离了传统化作品的窠臼,具备了艺术创作特点,也成为中国现代公共艺术的奠基作品。之所以用了初步摆脱这样的词汇,是因为这些壁画虽然已经开始有意识向着面向大众的公共艺术的方向转变了,但艺术作品风格的转向很难一蹴而就,这些壁画大多数还具备传统化的精英特征,艺术作品在风格上虽然已经努力表现出面向大众的一面,但是在题材的选择和艺术语言的使用上还是不够具有生活化气息,与其说这些画是公共艺术不如说它们是在公开环境中被展览的艺术作品。这些作品当中虽然已经融合了一部分大众空间色彩,但是这种公众空间表达还不够,因此难以和北京首都国际机场的国际氛围和公众氛围相匹配。虽然这么说,但是从实际意义上来看,北京首都国际机场的壁画既是后来的空间艺术作品的开创也是一种勇敢的艺术方向探索,从此打开了我国公共艺术与空间的密切关联。

除了壁画以外,雕像艺术也是公共艺术建设领域非常重要的艺术表现形式,有趣的是,这种艺术形式与壁画都是最古老的艺术形式之一,而且两者都和建筑艺术有很紧密的关联,随着壁画艺术在近现代公共艺术中大放光芒,雕塑艺术也开始被应用到对城市公共艺术的规划建设中。我国在公共艺术建设领域的起步比较晚,通过对他人经验的借鉴少走了不少弯路。在这种借鉴但不全盘套用的批判性学习过程中,我国的雕像艺术领域诞生了很多新的艺术题材与新的艺术语言表达形式,与绘画艺术一样,雕塑家们逐渐了解自己作为城市公共艺术建设者的本职工作,开始对公共空间有了更多的利用,将艺术作品和人民生活实际结合起来。

雕塑艺术作为一种对资金支持力度要求比较高的艺术形式,一般情况下只能在政府、企业、机构或者经济实力比较强的个人的支持下才能展开,如果没有资金等方面的支持,雕塑艺术不过是空谈,从设计、材料以及施工和占地的角度来看,雕塑艺术在所有公共艺术表现形式中差不多是最大的,所以通过雕塑艺术推动我国的公共艺术建设进度相对来说是最难的。

站在雕塑艺术本身的角度来看,我国虽然在诗词绘画等艺术方面有久远的历史和深厚的文化底蕴,在小型雕刻艺术作品上也取得了不菲成就。由于始终缺乏对公共艺术的重视,所以自古以来对于矗立在城市内的大型雕塑作品的研究始终不是很多,因此在20世纪80年代的雕塑艺术建设中遇到了很多问题。随着越来越多的作品的出现,后来的艺术家们吸取前人的经验将作品打造得越来越好,虽然还存在不少问题,但和之前相比,那一时期的雕塑作品已经有了很大的超越,不同地区的雕塑作品中融合了不同的区域文化与特征,这是原本的雕塑艺术真正向着公共艺术的方向转变的显著特征。

正如邢同和在发布的《浅谈雕塑与环境》作品中所提出的关于公共艺术的艺术综合性的看法,他认为城市公共艺术的建设需要多种职业者的共同参与,因为城市公共艺术的建设是全面性的,对某种艺术的运用再怎么精妙也不可能涵盖城市规划的每一个方面,正是因为城市建设具备多元化特性,所以也只有通过多个领域的人才的共同努力才能促成城市公共艺术建设工作的推进。公共艺术作为艺术表现形式的一种同样注重艺术语言的运用和艺术情感的表达,而环境艺术作为城市公共艺术中囊括范围最广的一种艺术形式在存在方式上和单一化的传统艺术有根本性的不同,这种艺术表现形式的关注点和传统艺术差别明显,环境艺术与传统艺术的区别在于其丢掉了所谓的曲高和寡的形式,对民众的审美要求有了大幅度降低,从原本的只有具备专业的艺术欣赏水平者才能欣赏的艺术向只要具备基本的艺术性以及一定的娱乐性就能够从中找到乐趣的大众化艺术转变。就像张琦曼所说的一样,我国在20世纪80年代取得的最重要的突破是我们终于意识到了建设公共艺术的重要性并且找到了最科学的建设方法,通过环境艺术推动中国公共艺术在民众间深入人心地普及开来。

二、20世纪90年代以来

自20世纪90年代以来,我国公共艺术发生了翻天覆地的变化,其艺术表现形式和核心理念上都有了巨大的转变,这种艺术转型也是在我国国家社会的整体转型的基础上才得以实现的,从社会转型的角度来看,这一时期主要发生了以下几个方面的重大变化。

(1)我国的经济体制从计划经济转变为市场经济,国家整体经济实力有了突飞猛进的提升,城市化进程比以往有了巨大的推进,很多初步具备了现代化功能的新城区的出现就是社会进步的最好证明。

（2）我国坚持走中国特色社会主义道路，在民生建设方面投入了很大精力，全面建成小康社会，全方位地保障了人民幸福生活的权利，人民的物质和精神生活极大改善，推动社会取得全面进步。

（3）改革开放后，我国在艺术表现形式上越来越开放多样，艺术表现形式无论是从质量上来看还是从数量上来看都呈现出多元发展趋势，正是社会的进步带来艺术领域新的发展空间，而艺术的蓬勃发展又能够将更加开放的思想带给每一位民众，从而对社会的进步起到力所能及的帮助。从艺术的表现手法来看，我国也由原本的闭门造车开始向更加兼容并包的方向转变，我国传统的写实派风格在艺术的不断发展中并没有被抛弃，但同时西方常用的抽象派艺术表现手法也被我们借鉴到了自己的艺术体系当中，两者结合成为全新的艺术表现形式，从观众和艺术产品使用者的角度来看，这样的艺术作品在不丧失原有的审美性的基础之外又融合了实用性和商业性，是社会进步过程中商业领域和艺术领域的有机结合，比如新媒体艺术、装置艺术以及近现代才比较成熟的广告都是诞生于这一时期的。

公共艺术在20世纪90年代的发展已经逐渐步入正轨，与如今相比欠缺知识技术和资金的投入，但大体的发展基调在当时已经确定下来，20世纪90年代的艺术建设中最大的改变在于环境艺术被发现并且重点运用到城市建设当中。这种对环境艺术的重视不是没有原因的，自改革开放以来，加快城市化进程始终是一项重要课题。为了加快城市化进程并且将这个过程中的负面问题尽可能消弭，环境艺术的大力建设被提上了日程，这种能够最大程度利用环境宣传精神文化的艺术成为消除城乡矛盾的最好润滑剂。

从公共艺术建设的目的性来看，我国20世纪90年代的公共艺术建设既有商业性建设也有大量公益性建设，两种目的性不同的公共空间的共同开发让我国的公共艺术建设步伐极大加快。那一时期大量的雕塑主题公园以及带有浓厚的休闲娱乐性质的主题公园、商业街区等都是商业化公共空间建设的产物，而更多的街头雕像和广场等的出现也给民众的生活带来了大量的或写实或抽象的艺术作品，这些目的性不同、艺术审美需求不同、艺术语言运用不同的作品的出现让那个年代的公共艺术建设百花齐放，恰好满足了公共艺术的多元化审美要求与艺术综合性要求。

第三节　当代城市公共艺术的建设路径

自改革开放以来,我国对城市建设的重视始终未变,而在城市建设工作中对具体工作的规划是必不可少的环节,也是其后所有工作得以展开的基础,虽然我国城市建设经验丰富,对于规划和后续的建设工作表现得得心应手,但是在城市公共艺术建设领域的表现却不尽如人意。因此,为了做好城市公共艺术的建设工作,不应该事先决定在某个城市要建设怎样的公共艺术,而是要在对城市进行实际考察过后再根据城市的具体情况拟订计划并规划方案,最终得到能让公共艺术发挥最大效果的结果。

凡事预则立,不预则废。在开始建设城市公共艺术之前预先做好规划至少能在以下三个方面起到作用。

(1)为具体的公共艺术建设工作打下良好的基础,有助于后续工作提升质量并减少遇到的困难。

(2)通过事先规划可以让公共艺术作品的建设更加从容,通过事先的研讨可以提高公共空间的利用效率。

(3)对公共艺术建设工作进行规划的意义之一就是要保证其公共性,保证艺术作品能够和建设者预想的一样对民众的精神建设产生积极影响。

一、建立分级管理制度

公共艺术的建设与规划工作需要完善和科学的制度,否则本就偏向自由散漫的艺术建设一旦没有明确的建设要求只会变得一团糟。在明确公共艺术的建设制度后,最好按照国家级公共艺术指导单位、城市级公共艺术管理办公室以及相关的学术委员会层层深入落实公共艺术建设与管理工作。这几个层次的管理机构分别对具体的公共艺术建设工作提供政策、行政以及学术方面的支持,通过这种责任和工作职能划分,能够保证城市公共艺术得到最大程度的建设。作为对城市中的公共艺术建设工作进行直接管理的部门,市级公共艺术管理办公室必须肩负起管理责任,对建设部门和提供理论基础的支持部门进行严格的垂直管理,不同部门之间建立良好的信息交互系统以保证在问题发生的第一时间就能被所有有关人员了解到并迅速找到解决办法。通过这样的管理监督办法,城市公共艺术才能真正有序合规地发展起来，成为一门与人民密切相关的科学艺术。

在进行层级管理的同时，我们还要意识到公共艺术与一般艺术之间的不同之处，进而想到在管理制度上不能全盘沿用其他艺术形式的管理方式。大多数艺术都具备私有的特点，而公共艺术作为诞生于大众且服务于大众的艺术，其作品在本质上都属于公有财产，而如果没有严密的管理制度和相应的法律法规加以限制，中间是否会存在有人通过损害公共利益的方式为自己谋利都是未知的，这对城市建设和道德建设都是很不利的。只有制定相应的法律法规才是对建设成果的最好保护，城市公共艺术相关法律法规的出台会成为其未来的重要内容。

二、完善公众参与制度

城市公共艺术的建设具备多样性和多元化特征，由于这是一门来源于大众又要将教育意义和审美取向返还给大众的特殊的艺术表现形式，所以会在与大众产生交集的过程中与大量的机构部门产生密切联系。仅仅对政府机关和相关专业人才的需求就至少包括了国家立法机关、省市级行政机构、艺术家、城市规划者、文学家、建筑家、景观设计师以及资金和技术支持者团队的参与。公共艺术从来都不应该是一门独立于社会和民众之外的曲高和寡的艺术形式，其对社会各界人士的参与和作为艺术欣赏者与意见提出者的民众的数量都是有相当的要求的。建立并完善科学的民众参与公共艺术的渠道和标准制度是公共艺术规范建设的重要一步。

我国目前在公共艺术的民众参与方面已经初见成效，虽然还未进入成熟期，但是从民众的沉浸程度和参与数量来看，已经有部分人初步树立了自己在这方面的主人翁意识。之所以能有这样的现象存在应该归功于我国在城市规划和公共艺术建设过程中的不懈努力，通过各种形式吸引民众参与到公共艺术的设计或评价活动当中，在长时间的推进下使得部分民众开始有意识地关注并参与城市公共艺术建设，这也是公共艺术建设和民众参与相结合的最佳方式。结合国外先进理念和我国的实践经验，可以从以下三个方面认识民众参与公共艺术建设的渠道以及对参与机制的完善。

（一）民众参与渠道的拓展

为了让更多的民众参与进来，相关管理部门可以在进行公共艺术建设之前对城市本地居民进行民意调查,通过媒体、投票以及问卷调查等常见方式收集民众对公共艺术的看法以及对建设的具体意愿。

(二)通过爱好者群体增强民众的认知

公共艺术的受众群体很大部分来自各个居民社区,居民们自发组建的艺术团队经常进行文化活动,未来的公共艺术建设工作者可以将这些人吸纳到城市的建设工作中,让这些既有大把空闲时间又有对公共艺术的热爱的民众负责对城市的公共空间进行前期调研并进行初步的建设规划与设计,在公共艺术建成以后还可以委托这些人对艺术作品进行长期维护。让这些本来就在自发推动城市公共艺术建设的人民参与到实际的工作中,填补原本存在缺失的公共艺术管理岗位空白。

(三)通过合理规划将民众纳入建设队伍

将公众参与公共艺术建设的渠道作出明文规定,这是促进全民参与公共艺术建设的最佳途径,也是引导民众有序参与并自主参与到公共艺术建设中的最有效方法。关于引导民众参与有许多行之有效的方法,其中最常见的包括巡回演出、艺术展览、网站宣传、座谈访谈、作品征集等,这些方式都能够引起部分民众对公共艺术的兴趣,长此以往,其中必然会有真心热爱公共艺术从而主动参与的人。当然上面提到的虽然都属于常见的引导民众的方式,但是在不同区域的使用方式不能一概而论。

三、城市公共艺术作品征集制度

向民众征集公共艺术作品是非常有效地引导民众参与公共艺术建设的方法之一,首先,人在面对需要自己动手动脑参与的活动中表现出的兴趣和在走马观花的情况下草草看过的活动的兴趣是有天壤之别的;其次,虽然城市公共艺术建设队伍吸引了很多艺术家的参与,但终归不可能将城市中所有艺术家以及有艺术天分的人全部包括,通过长时间坚持对民间艺术作品的征集可以选拔人才;最后,对作品的征集是吸引民众参与的第一环节,在艺术作品被创作出来之后,可以通过"最终的艺术作品参考了您的部分创意""虽然没有选择您的作品但是您的创意同样很优秀,在之后的方案征集中希望您依然能够积极参与"的话语让公众感受到自己的意见和想法得到了重视,这就会引发他们的参与兴趣,让公众对于比自己更优秀的作品究竟是什么样的、我的作品中的什么创意被应用到了公共艺术建设当中这些问题感到好奇，利用公众的好奇心吸引更多的关注。如果参与者的创意确实被选用了，那么此人想必也会对来自自身创意的艺术作品的后续情况进行持续关注，在艺术作品需要维护的时候积极参与，这都是艺术作品征集带来的后续良性影响。当然，作为社会公共艺术建设的一部分，对民间作品的征收与选拔也必须规范化，确保一切行为合规合法且在合理的流程下进行。

四、城市公共艺术经费保证措施

调查分析显示，我国公共艺术建设主要有三大类型的资金来源，分别是政府根据国家政策每年金额固定的拨款、政府根据年度情况和国家对公共艺术建设的需求的迫切程度进行的临时拨款、出于营利性或者非营利性的其他社会资本支持。通常情况下在这三个来源中来自政府的定期定额拨款较少，而且这种资金属于专项资金，用在什么位置建设什么样的公共艺术是有明确规定的；金额大一些的资金来自政府根据形势和当地申请的非固定拨款，为了杜绝公权力与公共资源被滥用现象的发生，对于这种类型的款项的审核制度通常都非常严格，国家一般会设立专项部门对此进行督查；而不同地区的社会资本支持的款项金额是最大的。当然不得不说，虽然这种来源的资金数额比较庞大，但具备很高的不稳定性。

五、中国特色公共艺术

当公共艺术进入中国并且在长时间的发展中融入中国特色后，城市公共艺术开始带有本土化色彩。经历了数千年的风吹雨打我国留下了独属于岁月的魅力，这种魅力既属于整个国家又属于每一个各具风格的城市。时光长河的冲刷带走了一代又一代先民，但是却在我国留下了丰厚的文化底蕴和人文色彩，这种底蕴表现在城市的经济文化以及居民的生活点滴中。而且这种光阴留给每座城市的除了历史的烙印外还有一代又一代城市居民对艺术的理解以及对文化的传承与运用，只有对城市的历史和文明有深入了解的居民才能对城市公共艺术作品产生最深刻的共鸣，才能在城市的公共艺术建设中发挥应有的作用，同时这些人的存在也是对城市文化符号的最好解读和活生生的诠释。

与此同时，我们也要意识到，虽然本土化发展对公共艺术的建设具有很重要的意义，也是公共艺术发展的必要环节，但绝不是最终环节，本土化是必要的但不是公共艺术的全部，艺术创新以及设计理念上的创新才是公共艺术的活力源泉，没有创新的艺术或者技术永远都是一潭死水，是不具备可持续发展能力的。而且我国作为在公共艺术领域起步较晚，一开始对国外先进经验的借鉴是不可避免的，但借鉴只能是一时的而不能作为长久之计，如果本土化的公共艺术思路长时间来源于其他国家，不论在艺术发展中多么小心最终都难免会出现同质化现象。只有通过创新得到的艺术表达与技术设计才是只属于自己的本土化艺术，将公共艺术变成中国特色文化和精神的最佳载体。公共艺术本就是包容性很强的艺术形式，因此在长时间的磨合中一方面我国对公共艺术的创新和完善作出了一定的贡献，另一方面扎根于我国文化土壤中的公共艺术也焕发出了全新的生机。

六、将公共艺术从城市点缀向激活城市改进

早在 1978 年 8 月，我国专门研究如何将各种传统艺术融入城市公共空间的使用和建设中的小组曾召开了一次会议，会议研究的专项问题是如何将雕塑艺术更好地运用到城市建设当中，彼时的公共艺术以雕塑为主，对其功能地位也只是局限于辅助的装点功能。改革开放初期，专业人士开始走出国门，通过一系列留学与国外考察，雕塑和城市中的建筑、广场、公园之间的关系逐渐被重视，形式美法则受到广泛推崇和接受。同时，全国城市雕塑规划在中国美协的推动下，由上而下地在全国试点城市中推广，全国城市雕塑艺术委员会成立。

20 世纪 90 年代之后，公共艺术开始跳出雕塑和壁画等艺术形式，呈现出多元化发展的趋势，和其他相关专业的结合也越来越紧密。市民艺术素养的提高、商业化氛围日渐浓厚、大拆大建的城市建设等，产生了巨大的合力，使公共空间开始体现公众理念，在城市建设中全面开花。

进入 21 世纪之后，中国的城市化进程从量变逐渐趋于质变，公共艺术也经历了近 30 年有意识地实践和研究。时代的舞台已经搭好，北京奥运会和上海世博会的成功举办，让公共艺术进一步走进公众视野，并表现出新的艺术段和艺术语言。北京奥运会的中国传统元素让公众感受到不可抗拒的东方魅力，而上海世博会的互动性虚拟影像成为最大亮点之一，充分体现了“城市，让生活更美好”的主题。

七、城市公共艺术建设的美育取向和价值实现

由于我国自改革开放以来不断推进城市化进程，所以中国在经济和

城市建设领域始终呈现良好的发展趋势,因此很多经济学家作出评估,认为我国作为世界第一人口大国对世界的经济发展会产生巨大的影响,因此如果中国能够一直保持这样的发展势头必然会对全世界人类的发展进程以及城市建设水平产生巨大的影响。也正是由于我国目前仍然在大力发展城市建设,所以很快又会有一批全新的城市即将面临公共艺术建设的问题,换个角度来看,我国的公共艺术建设行业依然存在巨大的发展空间,目前也是公共艺术在全国范围内大力发展的最好时机。

公共艺术是艺术表现形式的一种,但其带有浓郁的现实主义气息,并不像传统艺术一样在艺术表达上似乎脱离了时空和常理的束缚,公共艺术是人民的艺术,其本质上就是一种社会文化与当代人民精神思想的体现。我国由于多重历史原因的影响,在近现代的公共艺术建设当中既有优势也有不足,而要综合看待公共艺术的价值取向,就要从其发展形态、内涵本质等问题全面研究。

(一)中国的公共艺术是随着公共意识的成长而进步的

我国现代公共艺术的理念起源于 20 世纪 80 年代,虽然从那段时间到现在为止,公共艺术中的很多内涵思想和艺术表现形式等都已经发生了重大变化,但是总体来看这段时期内公共艺术发展的大方向是一致的。其中从 20 世纪 80 年代到 2000 年都是公共艺术高速发展的成长期,那个时期内公共艺术的表现形式等变化很快,我国在那个时期对国外先进经验的借鉴和揣摩也是最频繁的。从 2000 年到现在,公共艺术进入半成熟期,这一阶段的公共艺术已经吸纳了足够的外来文化与本土文化相融合,因此在公共艺术建设上呈现出多元文化融合的兼容并包的态势。我国早期的公共艺术中的雕塑艺术是对这一陌生领域的初步尝试,虽然从艺术表现形式上确实是将艺术作品融入公共空间中,但是这种融入远远不算融合,只是生硬地在公共空间中添加一个雕塑,只是一种对公共艺术作品的模仿,还远远称不上真正的公共艺术,而且在这一阶段的作品与环境的搭配效果不佳的同时艺术家们也缺乏创新思想,雕塑作品之间的重复度非常高,整体公共艺术作品的可用性很低。这种情况的发生源自三点:第一是艺术家们缺乏经验以及对公共艺术概念的深刻认知;第二是国家还没有权威的监管部门以及对公共艺术进行限制的法案;第三是公共艺术的设计者、建设者们没有弄清楚群众心目中的公共艺术是怎样的。正是由于这些原因所限,我国公共艺术建设初期阶段出现了很多艺术性不强、与公共环境缺乏统一性且不具备相应的人文精神的雕塑作品,这些作品得不到民众的认可,属于典型的“费力不讨好”。为了杜绝类似现象再次发生,我国很快成立了严格的监管部门对艺术家们进行严格的管理,对他们设计的城市公共艺术作品是否合格、是否能作为真正的作品摆放在城市中进行严格的审查,本着宁缺毋滥的原则在短时间内对艺术家们的自律性以及城市公共艺术的平均水准进行了大幅度提升,也在一些商业性公共艺术作品的创造中与赞助商和建设者达成了默契,将那一时期的公共艺术(主要是雕塑艺术)从原本的盲目建设和模仿性建设扭转为艺术家必须在有足够的艺术积累的基础上付出足够的创意才能创造出来的多样性、过程性且具备时代性的精品公共艺术。从这个角度来看,我国今日的公共艺术成就不是一蹴而就的,而是在经历了初期的艰难发展之后逐步完善而来的,是我国一代又一代艺术家以及监管部门工作人员共同努力的结果。

(二)公共艺术是一种带有妥协性的艺术

过去的公共艺术虽然是来源于人民生活又要走入人民生活的艺术,但是在艺术表现形式以及公共艺术的具体内容方面难免带有一种和人民生活的疏离感。我国自改革开放以来之所以在城市公共艺术中使用大量的雕塑艺术,就是因为艺术家们已经意识到公共艺术的主要特性就是与群众的互动,但由于从前并没有相关的建设经验,所以艺术家们想到的都是与城市建筑最容易融合在一起的雕塑艺术,这也直接导致了 20 世纪 80 年代左右的雕塑如雨后春笋般在各地出现。而且由于缺乏建设经验和相关的发散式想象力,那一时期的雕塑艺术在形态方面都非常简略,大体上还是对国外理念的模仿或者对业内最先作出突破的人的学习,比如在一个环形内放置一个球就是当时最常见的雕塑作品,被戏称为“腾飞式”。虽然这种雕塑作品中很明显缺乏新鲜感和创造力,而且内涵过于简单没有深入研究的价值,但也是我国公共艺术建设的最早的尝试。而随着国家经济实力和整体文明程度的提升,社会学的概念也被引入到公共艺术建设当中,因此在随后的公共艺术建设阶段,我国的建设重点是对人文环境与公共空间运用之间的关联和思考。这一时期的艺术作品在多样性和内涵的深度方面与之前相比也有了很大的进步,公共艺术作品的内核主要为对公共空间与文脉和文化间的内在关联,而这种对文脉和文化的思考一直到今天。可见一个民族、一个国家的艺术建设离不开对其文化命脉和民族精神的探索,这两者也是真正赋予一种文化民族烙印的思想内核。虽然我国直到今天在公共艺术领域的建设进度仍然和国际先进水平存在差距，而且在作品方面始终存在良莠不齐的现象，但是只要时刻牢记我们要建设的是带有民族特色的公共艺术、我们的艺术来自人民也是为了提升人民的精神文化修养而存在的，我们就走在正确的道路上。

（三）中国的公共艺术需要建立自己的评价体系

公共艺术的价值实现、公共艺术评价标准的确定，从根本上来说，来源于对这一问题的认知程度和文化教育的程度。这个价值标准不是采取"一刀切"的办法，规定公共艺术品必须是长、宽、高有多少，多大多小，或者是什么样式。公共艺术评价体系的建立，应源于对公共艺术本质的认识，源于对公共艺术性质的认识，源于对公共艺术案例的梳理和分析。公共艺术应持有什么标准？对此，大家常常指向公共性，当然公共性是公共艺术的根本，但不应仅把这一性质视为唯一。其实公共性问题，欧美国家在20世纪五六十年代，就已经对此有了充分认识，已经不再将其作为一个争论的话题。我们生活中的公共艺术在价值取向方面，导入性是关键，导入的准确性如何，直接决定了公共艺术是否具有其本身所应承载的功能和效能。比如，公共艺术导入社区不仅是起到美化环境的作用，它更深一层的意义还在于用艺术的方式、艺术的特性、艺术的参与性和过程性去调节心理，改善社区邻里之间的关系。再就是公共艺术的对话性。公共艺术的本质是对话性，有了公共场域，有了公共艺术，有了社区文化，就可以产生交流互动的信息，自然就有对话，对话的深浅高低、优劣程度取决于导入的恰当与否，水准的高低及准确性。对话性是公共艺术的本质，导入性是公共艺术的方法论，有了这些前提，才能达到交互性以及体现其社会福利性等目的。

第四节 城市公共艺术的未来指向

一、文化建设与制度完善并重

公共艺术以艺术为媒介向公众传播公共文化和主流价值观。公共艺术是艺术的一种形式，也是社会文化的特殊表现形式之一，对公共艺术的建设隶属于社会事务，为了保证更多的民众能够参与到城市公共艺术的建设中，享受属于自己的参与城市建设的权利，国家除了要在文化建设领域投入更大的精力外也要积极发展与之对应的制度。目前来看，应从制度和文化建设两方面一同入手，对刚性和柔性两大元素给予相同程度的重视。虽然已经强调过雕塑艺术不是城市公共艺术发展的唯一路线，但从艺术作品的性价比以及留存时间等方面综合来看，雕塑艺术确实是最适合作为城市公共艺术建设主流的作品。以雕塑艺术为例，法律框架过于庞大但细节问题太多，所以当务之急不是对城市公共艺术建设推出更多的法律规定，而是要先对现有的法规进行适当的调整，将原本存在的漏洞一一弥补和完善。

二、积极组织民众参与并提出意见

公共艺术为政府、艺术家和公众建立对话平台，是文化均等化发展的必然需求，是实现公共文化服务均等化的重点。公众不仅是艺术的观赏者，同时，可以直接参与到公共艺术中。要充分发挥出公共艺术对现代社会建设的促进作用和对人民群众的思想道德水平的提升作用，为了做到这一点，就要重视普通民众对公共艺术的看法和参与的热情，这种从人民群众中总结出来的艺术形式存在的意义是服务人民，因此在建设过程中最应该注意的就是公众的看法和意见。从这个角度来看的话，现代社会的合理性与成熟性都可以体现在社会文化发展进程与文化建设的平民化趋势上，公共艺术作为最典型的亲民艺术可以被看作社会艺术发展的标杆和典型。公共艺术的建设本身就是一种对社会现象的揭示，因为只有在民众生活安定富足的情况下才有余裕建设社会文化体系，否则在一个人民普遍无法解决温饱的大环境下谈精神文明建设本就是笑话。同时公共艺术在建设中广泛吸纳民众的意见也是社会进步的一种体现，说明如今的社会无论是在经济建设还是在思想政治建设上与原来相比都有了翻天覆地的变化，人民不但得到了富足的生活，而且开始追求心灵上的满足和精神境界的提升，他们将享受从物质生活上升到了精神世界。

民众参与指的并不是让民众加入建设公共艺术的劳动当中，且不说大家都有自己的工作，没有接受过专业训练的人也很难在建设工作中发挥正面作用，民众参与公共艺术建设的主要渠道在于信息交流，如果要切实保证民众参与到公共艺术的建设当中就需要开放更多的信息交流渠道并且广泛采纳民众意见，让民众看到自己对生活中的公共艺术作品的建设能够起到直接影响，这会带给他们进一步参与的热情以及对艺术作品的更高认同度。公共艺术作为一门本土化、民众化艺术就是要走近人民且与人民深度融合，这种改变符合公共艺术发展的客观规律，有民众广泛参与同时服务民众的艺术才是未来的发展主流。

三、在城市建设与公共艺术公益间寻找平衡

在城市的规划当中,社区建设是非常重要的环节,城市内社区的平均建设水平能够很大程度上直接反映城市人民的生活质量和幸福指数,因此在城市公共艺术建设中对社区的建设考量是必不可少且应放在重要位置的,我们要努力建设有艺术性、有文化品位的精品社区,最大程度保证人民群众的高品质、高幸福生活。我国近现代时期的城市公共艺术发展起步虽然比较晚,但是作为一个历史悠久的国家,我国美学发展史很长,因此对美学的研究古来有之,近代很多美学家在城市公共艺术开始发展前就提出了美学以及美学与受众群体之间的关系,同时还认为公共空间是艺术表现的必备空间之一,也是最重要的空间。这些美学家认为美学是一种人们的思想情感在某种程度上的诉求的艺术化体现。讲到艺术和城市公共艺术就不得不说人对艺术的需求,艺术对人的生活会有一定的影响,但绝不是生活的主要构成而是生活的调味剂,同时一个人的艺术追求和艺术审美又能反映出这个人的生活状态和对生活的渴望,所以两者间的关系紧密,对自己生活环境的归属感、认同感以及对社会活动的参与度都会反映在一个人的艺术思想和艺术表现上。艺术首先是一种群体性行为,人类在最早的聚集生活中有了艺术的萌芽,而作为群体性行为的艺术在个人表现上必然受到其所生活的群体特性以及地区特性等的深刻影响。因此,我们也可以认为某个人或者某一群人的艺术、文化是其在某一区域长久生活受到的人文影响和那一地区的历史性影响的综合表现形式。这里就是在强调社区这样的公共空间对文化建设和艺术思想培养的重要性,在一个人们聚集生活的区域内对每个人造成最大影响的除了家庭以外就是社区,因此对社区进行文化修饰和艺术化建设的公共艺术的重要性就显示了出来。公共艺术的建设带给公民的启示不仅在于如何享有权利,还赋予了公民相应的必须承担的义务,具体说来就是公民在享受到城市建设带来的赏心悦目以及精神文化氛围的同时要带着热情和自主性参与到城市公共艺术建设工作中,并且自主维护城市的公共艺术建筑及其他设施等,每个公民都有建设城市公共艺术的权利以及参与到城市公共艺术建设的义务。

赞恩·弥勒(Zane L Miller)是美国历史学教授以及著名研究学者,他对美国近现代公共艺术建设以及其与城市公民对自身身份的认同感和公益意识之间的关系做了深入研究,在研究中他遗憾地表示随着时代的发展和科技的进步,人们的道德意识反而没什么大的进步甚至有了一定

的倒退,而且这种社会的宿命论针对的不是公民中的任何个体而是全体公民。某种程度上来讲,牺牲精神和公益精神正是让社会公共艺术和社会文明得以推进的重要基础元素,只有每个公民都能够为了社会的安定团结和广泛进步而牺牲个人利益,社会文明才能走在一条向上的道路上。

公共艺术的建设是任何人都可以发言且有资格发言的,因为这是一种和每个人的生活都密切相关的艺术表现形式,在这种参与到公共艺术建设和批评之中的观点碰撞与交流之后,不同观点会融合在一起或者形成某种妥协,最终消除不同艺术观点之间的隔阂并且通过不同观点之间的碰撞成就社会未来的公共艺术的主流价值取向和公共文化基础。说到不同文化间的相互碰撞以及由此产生的文化变异就不得不提到社会大环境下的复杂关系网,详细来讲就是社会组成分子也就是人这一社会主体,与人、社会和国家之间分别具备怎样的关系,也就是社会每一分子和社会中的权利、情感等元素共同组成的关系网,由于公共艺术具备强大的包容性和广阔的范围性,甚至可以将这种关系网扩大到人与整个大自然的范围,将天人合一的思想贯彻到艺术建设工作中。

第四章

城市公共艺术的要素与形式

第一节　城市公共艺术的造型要素

公共艺术的建设过程是复杂的，虽然同样属于艺术形式的一种，但是公共艺术在建设过程中需要考虑的问题更多而且艺术作品需要表达的内容也更多，比如作为展示给公众并且需要对公众的生活与思想产生一定影响的艺术作品，公共艺术在造型的设计与思考方面必须要加以重视，因为人们对艺术作品的第一印象往往来源于外形因素，很少有人第一眼看到某个作品就能领会到其中的艺术性，绝大部分人都是通过看到作品的第一眼产生第一印象，根据第一印象的好坏决定接下来的欣赏基调。

在为公共艺术作品设计造型的过程中，艺术家需要思考的问题很多，由于作品种类繁多而且各自具备不同的风格、艺术理念以及制作形式，所以这些作品在外在形式上天然就存在很大的差异，这也是公共艺术作品中艺术性的表现形式之一。在艺术性和外形方面缺乏统一的规定形式，每个艺术家都可以根据自己的想法对其作出一定的修改，而且由于这是艺术本身必然具备的特性，所以我们也难找到依据对艺术品进行规范。

公共艺术作品虽然属于比较特殊的一类，但是这并不能掩盖其属于艺术的一面。与所有的艺术表现形式一样，公共艺术在艺术表达上存在具象化和抽象化两种相互对立却又相互统一的原则。看遍古今中外的所有公共艺术作品，这些作品无一例外都或多或少体现出了这两大要素，作品是平面化结构还是立体结构对此同样没有任何影响，作品中的具象与抽象两大要素不受作品形式的影响，只会根据作者个人的喜好以及作品需要表达的思想情感以及应用方面的不同而产生相应的变化。

从这一点上来看，虽然公共艺术也是艺术的一种，同样带有浓重的艺术表现色彩，但是其特性决定了公共艺术作品不能“独断专行”。公共艺术虽然是艺术的一种，但不能作为纯粹的艺术来看待，因为其表达的情感是面向全体社会公众的，其在内容表达上也是要反映一定的社会现象的，所以在地理位置和造型方面，公共艺术必须和周遭环境以及城市的景观风貌紧密结合起来，同时由于其艺术性的存在，在和环境进行有机融合的同时，公共艺术又要在贴合环境的艺术语言中加入作品本身的情感表达。除了环境和艺术语言的使用外，对材料和造型等问题的兼顾也是公共艺术建设的重点，只有在这几个方面之间找到平衡才能让公共艺术做到有血有肉，否则其发展及对民众的良性影响都只是空谈。

一、具象造型

具象化的造型的艺术灵感和艺术表现形式都必须和客观世界中存在的实物相符，其中又可以划分为写实和变形两种不同的造型。写实造型顾名思义是对客观世界中真实存在的事物的写照，也就是艺术表现手段中所谓的再现性，其艺术表现要求是将客观存在的事物如实再现出来，相当于一种照搬真实事物将其用在合适位置的艺术手法。而变形的表现手法虽然也属于具象造型中的一种，但是其在表现形式上不会对真实事物百分之百还原，只会有选择性地保持事物的基本特征并在这些基本特征的基础上对其进行一定程度的艺术加工，这种对事实真相进行扭曲的加工必然带有夸张色彩，因此虽然变形也属于具象造型的一个分类，但将其看作介于具象造型和非具象造型之间的一种艺术表达手法也无不可。变形和写实两种不同的具象造型在艺术表达手法上的异同之处有很多争议，但就像我国著名的美术家和工艺美术教育家庞熏琹先生说的那样，写实和变形之间是没有明确的区分的，如果某一天艺术中的所有表现手法之间都有了明确的界限，而艺术家们需要依据这些条条框框进行规范的艺术创作，那么艺术也就失去了其应有的魅力。事实上，在艺术发展的历史中，写实和变形从来都是共存的，两者你中有我我中有你，于写实中变形又于变形中写实（如图 4-1 所示）。虽然庞老先生在说这句话的时候是在特指装饰艺术，但是同样的道理却完全可以引申到公共艺术建设领域乃至于整个艺术领域当中。

这里特别强调一下变形艺术在我国艺术史上的发展和运用，其性质和我国古代诗词领域中的“意象”的说法非常接近，在道理上存在共通之处。很多人由于其具备一定的非具象化表达中的夸张元素而主张将其划分到抽象造型中，但是这种想法是不对的，变形的表现手法通常被认为只具备抽象和夸张的思想内核而不具备相应的造型和形式，因此在分类上保持现状即可。

图 4-1　具象艺术[1]

（一）写实

我国古代和西方古代艺术中都不乏对具象造型中的写实手法的运用，但我国与西方在使用写实艺术表现手法的时候存在一定的差异性。其实这种差异在很多领域中都能看到，比如诗词艺术和绘画艺术等领域中，我国在艺术表现手法的方面和西方各有侧重，西方在写作、绘画等艺术方面向来秉承着所谓的再现主义，力图将客观世界中真实存在的事物或者景象通过艺术家的手段还原到艺术作品当中，因此即使是在艺术作品这种形式的文化表达中也带有严谨的科学色彩；而我国则不然，我国无论什么形式的艺术表现手法都带有与诗词相近的浪漫主义气息，换句话说就是在夸张和浪漫的艺术表现中有非常出色的发挥，带有浓厚的在写实中运用写意手段的色彩，两者间的对比恰似写实与变形之间，从中也能够看出我国在艺术追求方面更加偏向于超越现实和超越思想的天人合一的崇高境界。而我们现在很多人推崇的写实手法主要来源于西方，虽然我国古代无论是文人还是其他类型的艺术家都早就有了关于写实和意象之间的争论，但大体上每个时期占据主流的都是浪漫主义的文艺风气。即使有个别文人在写作风格和创作风格上更加写实，但是或多或少必然

① 图片来自作者拍摄。

会带有一定的文学修饰，这种修饰的存在在我国古代是与文化程度画等号的。现如今很多艺术领域的写实技巧都来源于西方，尤其是对光影等艺术效果的运用和对空间结构的透视运用等都是西方艺术的科学化研究成果。从这一点来看，我国近现代公共艺术中对写实手段的运用主要受到西方的影响，而具备综合性的公共艺术则是中西方文化意象和写实两种艺术表现手法的综合体。

（二）变形或意象

装饰艺术是一种对写实手段有所应用但更加偏向于变形和抽象表达手法的艺术形式，对于存在于客观世界的事物的艺术性修饰以及适度的夸大是装饰性艺术的必要表达方式之一，也是公共艺术建设中使用的最普遍的手法与特征。庞熏琹作为我国著名的艺术学者与教育家对公共艺术也颇有研究，他在著作《中国历代装饰画研究》中提到，艺术表现手法中的变形或者说对客观事物的意象化并不是作者为了彰显个性，这是艺术作品的需要，对画面中的事物进行适当地调整和夸大是为了让整个画面保持协调或者达成某种必要的艺术美感，可以归结到作者对艺术作品的美化和修饰的领域中。写实是对客观事物的尊重，那么变形就可以看作对写实的一种必要性补充，变形是为了让原本写实的描绘更有力度，其在改变后起到的衬托或配合作用能够帮助作品突破原有的画面的限制，因此变形既是对创作条件的适应性需求也是帮助作品在艺术表达方面进行精简的最佳手段。除了庞老先生所说的这些作用以外，在公共艺术建设领域中的变形也有其他的需求和含义，由于公共艺术中往往需要使用多种多样的材料，为了在这些材料的特性以及工艺制作之间找到完美的平衡，在大环境和艺术作品之间找到统一的点，让人和艺术作品乃至于社会与自然间找到统一性，变形都是有其存在的必要性。

我国近现代公共艺术的发展虽然起步晚，但是在对传统艺术的继承和对西方优良艺术的借鉴使用的脚步始终未曾停下。通过对外来先进文化的借鉴和使用，我国在艺术领域不断取得进步和突破，改革开放以来在艺术方面就始终呈现多元化综合发展趋势。从另一个角度来看，我国虽然在城市公共艺术的建设方面与国际先进水平存在差距，但是从纯粹的艺术文化的角度来看，我国在引进的同时又有很大程度的“走出去”，除了我们在积极借鉴西方的先进文化以外，西方也将很多中国传统文化表现手法等视为文化瑰宝，将这些文化元素与西方文化结合在一起。所以，文化的融合与多元化发展是未来世界文化发展的大格局，闭门造车不可取，百花齐放才是春。

在近现代公共艺术的发展道路上，对造型艺术的重视是发展的核心环节，我们应该从以下三个角度认识并应用造型艺术。

1. 简化方式

我国的艺术发展史源远流长，从最早的王朝建立前就有了原始的艺术元素的出现，而在漫长的艺术发展史中，我国人民的智慧得到了淋漓尽致的体现，在对艺术作品进行简化这一领域无师自通，很早就开始对早期复杂的艺术作品进行大幅度简化以满足审美要求和实用性要求。有些人对简化这个词有些误解，简化的意思不是将事物变得更加简单而是简练，这种精简的过程不能损害事物原本的内涵，相当于一种“取其精华，去其糟粕”的精练，这才是简化工作的真正内涵。简化的目的是去除掉事物中原本就存在的但是不必要的繁杂内容，通过对核心内容进行精简突出其中的主题与中心，让原本看似平淡无奇的事物绽放出经典美与简单美。简化后的艺术作品在层次上比原本的作品更高，因为其代表了更高的艺术思想和精神境界，这种道理类似于雕刻印章或者玉镯，在材质大致相同的情况下往往一个玉镯的价值比一块更重的玉佩的价值要高，因为玉镯舍弃了更多的材料，一个圆润的无拼接的玉镯代表了从一块完整的玉石上取下一块不大的材料雕琢而成，其意义相当于一整块玉石上的精华部分，印章的雕琢也是同样的道理，方章在所有形态的印章中价格最高不是没有道理的，椭圆形章和圆章的价格都无法与之相比，与玉镯的雕琢以及艺术简化带来更高的艺术成就的道理相同，那就是有舍才有得。在艺术作品的简化方面有很多例子，比如我国古代文字的简化过程就可以看作一种对艺术作品的简化加工，象形字和繁体字到简化字的转变意味着文字实用性的增强和体系化规范。

2. 臆想夸张方式

艺术作品作为诞生于我们日常生活中但又超越了生活的事物，其中必然存在很多不符合世俗常理和客观规律的部分，这就是艺术表现手段中常见的臆想夸张手段。关于这种艺术表现手法，在艺术领域并没有固定的要求，每个艺术家都可以在作品中加入不同的带有个人风格的艺术色彩，每个人在这种艺术表现手法中倾注的都是自身的情感经历以及思维方式和对艺术作品想要表达的内容的独有理解的综合体。艺术作品当中的臆想夸张就像文章中使用的修辞手法一样，对作品能够产生相当程度的渲染作用，如果一定要进行类比的话，带有明显暗示性质的夸张艺术类似于比喻和象征这两种修辞，而由于艺术表现往往比文章中的修辞更加生动，属于观众看得见摸得着的实际存在于客观世界中的物质，因此这种夸张带来的暗示和修饰作用也更加强烈，在审美趣味性等方面具备更高的应用价值。绝大部分装饰的造型都或多或少带有臆想夸张的成分，这种夸张是为了增强艺术表现强度。臆想夸张作为一种可以在一定程度上脱离客观世界的桎梏的艺术表现形式，其中广泛存在的对物象形态比例的转化、对透视关系等进行的动态调整以及对造型中的装饰花纹等的强化和对艺术作品的整体秩序和表现力的强化都是臆想夸张这种艺术手段中的造型美化方式。

3. 重构方式

即使抽象形式的艺术作品表达是近现代才诞生的艺术手法，但在此之前我国早就有了成熟的将原本属于同一艺术作品的艺术性拆分开并且重组的艺术系统。最早这种艺术表现手段主要被应用于对自然界中的事物或者意境进行另类表达，比如通过对某一事物的联想用其他事物对其进行表达，或者将一个原本具有复合性的事物拆分并进行重新组合，还有互参造型、共用造型等也同样都属于对真实存在的艺术事物的结构重造的艺术手段，通过这些不同方式对事物的变形加工可以让艺术作品具备更加丰富的内涵和更加多元化的表现形式。

二、抽象造型

就像前文提到过的，抽象造型和具象造型之间并不是绝对对立的，两者之间存在深刻的内在关联，比如具象造型中的变形就是一种对抽象造型的运用，但变形造型虽然对抽象元素有一定的运用在分类上却还是属于具象造型，在艺术创造领域必须对两者作出严格区分，不可混淆。与具象造型相对应的抽象造型在艺术表现形式上并不具备再现化特点，该类型的艺术作品不是用来反映某些客观存在的实际物体或者景象。艺术家首先要明确自己要通过什么样的艺术语言表达什么样的艺术情感，然后再使用造型艺术中的点、线、面创造出成熟的足以表达艺术思想的艺术作品。抽象艺术的出现远比具象艺术要晚得多，而抽象造型的概念同样如此，在 20 世纪造型语言中才真正将抽象造型作为艺术表现形式之一纳入其中，并且对其自律性以及艺术表现形式等作出了明确规定。抽象造型通常情况下只有这两大来源：第一是艺术家出于对抽象艺术和造型艺术的喜爱和学习在艺术表现中决定使用这样的表现手法进行艺术创造，然后在创作过程中艺术家需要遵循艺术创作要求中对抽象艺术的具体要求，按照造型法则和艺术表现形式的双重限制通过一种脱离了自然规律束缚的表现形式将一系列具备独立艺术表现能力的点、线、面组合在一起,形成一个具备独立性和综合性内容的艺术作品,这种作品在造型领域中被称之为构成性抽象造型;而另一种艺术作品的灵感来源类似于我国传统诗词领域中所谓的"妙手偶得之",也就是说艺术家认为自然界中就应该存在一种以这样的艺术表现型表达出来的作品,作者自己只是在抽象世界中偶然和这样的作品取得了联系,而后在灵感的驱动下将其展现在了客观世界中,这种类型的艺术家通常在创作中更加强调灵感与天赋,在造型领域中这种抽象作品被归结为偶发性抽象造型。

(一)构成性抽象造型

构成性抽象造型是抽象造型艺术和公共艺术建设之间连接最紧密的部分,这种艺术造型表现形式可以看作抽象造型艺术在艺术领域内的规范性要求,钟爱抽象艺术的艺术家在进行艺术创作的时候必须依据这样的创作路径才能保证作品具备必要的艺术性。抽象艺术之所以在西方受到很多艺术家的推崇和追捧,就是因为这种艺术表现手法具备非现实性,就像我国古典诗词中使用的意象,即来源于客观世界又能够部分超脱现实世界,在这个过程中作者将自己的艺术思想情感融入作品当中就可以脱离物象的约束,利用抽象化造型语言对事物进行全新的艺术性表达。除了在艺术表现手法上可以帮助作者超脱传统艺术的限制之外,抽象造型在对建筑物的结构性和功能性的贴合能力上也是传统艺术很难与之相比的,在对建筑物进行修饰的过程中,抽象造型艺术既能够保存其原本的特性也能够与建筑的特性相符合,简单来说其融合了共性和个性两种艺术语言。因此,构成性抽象造型的出现并非偶然,这是一种不同的艺术表达方式在不断发展碰撞中必然的融合结果,是建筑的装饰需求和装饰艺术的抽象造型要素之间发展的综合性结果。

(二)偶发性抽象造型

我国古代的很多诗人词人都有各种关于自己究竟是否真的在人间的感慨,比如"我欲乘风归去,又恐琼楼玉宇,高处不胜寒""霓裳曳广带,飘拂升天行""人生恍若梦醒中的跳崖"等都带有作者对自己的存在是否真实的疑问,但从另一个角度来看,也是作者生存的客观世界给予其的灵感,这和很多艺术家的艺术思想不谋而合,也是所谓的偶发性抽象造型的灵感来源,可以将其看作最早的抽象艺术的诞生雏形。偶发性抽象造型的来源正是作者在日常生活中受到某些实际存在的事物的刺激或者某些虽然还没有发生但是潜在存在的事物刺激而立刻生发或者埋藏在心灵深处的情感的种子，说得直白一些就是艺术家在生活中受到了直接或间接的情感上的刺激因而产生了艺术性联想，这种艺术联想之所以被称之为抽象联想就是因为联想的方式连艺术家本人也无法掌握甚至难以通过科学的方式来进行解释，只能用灵感一词对其作出定义，否则很难形容那种在外界刺激下似乎从心灵深处萌发的艺术悸动。这种艺术联想听起来似乎非常厉害，但是由于刺激行为的到来具备高度的随机性和不确定性，而且受到刺激的艺术家在情感表达方面也往往具备很强的个性化色彩，在成体系的艺术创作中这种不稳定的灵感来源不足取，所以在实际的城市公共艺术设计中对这种抽象造型的使用非常少见。

三、点、线、面和体的个性

无论在什么形式的艺术表现中，点、线、面三者都是构成空间和物体的基本元素，一件艺术作品不论具备怎样的具象性、抽象性最终都离不开点、线、面三者的组合，无论平面艺术还是立体艺术都是由最基本的元素组成的，这三者之间虽然是由小到大依次生成的，但是在运用上各自具备不同的特征，因此也不能一概而论，任何艺术家在开始艺术创作前都必须对三者有足够的了解。

首先我们先说点。点并不绝对而是一种相对的概念，这里必须区分一下，艺术造型领域中的点不同于数学或者物理学中所谓的“质点”。质点是在客观世界中并不真实存在而被虚拟出来的概念，而艺术领域中的点不但真实存在而且还有大小等的区别，但是与“质点”这个虚拟的概念相同的是，在艺术作品的平面构图和立体结构建设的过程中，只要有必要的情况不论这个点原本有多大都可以将其视作一个小到可以忽略不计的“质点”。因为“点”这个概念本身并不起源于艺术或者数学而是作为一种哲学观念被最早提出的，最早的“点”可以用来指代任何事物，比如将社会当作一个平面那么每个人都是不同的点，如果将人本身作为一个平面来看待，那么人的每一个念头和想法或者说一个人的各种特征也可以被看作点，如果人的视线所及的范围都被当作平面看待，那么这个人眼中所有精彩的能够令其视线聚焦的事物就都是点，这就是造型艺术概念中带有哲学色彩的部分，也是对不同环境中点的深刻阐述。

其次我们要说的是线。在数学概念中线可以看作点的延伸，根据点运动的轨迹线条又可以分为直线和曲线等，如果点一直处于运动状态则形成的不是线段而是射线，当然在实体艺术领域中不存在这种情况，即使有通过射线来表达的艺术也是通过视觉效果对其进行模拟。在艺术语言中点形成的线可以是多样化的，无论是断续式的线条还是宽窄曲直各自不同的线条在艺术作品中都很常见。虚线就是艺术作品中非常常见的艺术语言之一，由于艺术作品本身就具备一定的脱离现实的色彩，所以在很多概念的要求上都显得比较宽泛，而在表现手法方面则偏向多样化，但是需要注意的是无论什么样的线条都必须有一定的长度，如果没有长度则只能称之为点而非线。我国古代的绘画家对线的使用就已经出神入化，很多洞窟内的壁画中都包含了对线条的大量精妙运用。除了壁画外，雕塑艺术以及其他民间艺术中也不乏线条艺术的出现，作为我国经典传统民族文化传承之一的书法艺术中也包含了大量对线条的使用。很多外国人对中国艺术文化怀有深深的崇敬，但是由于文化隔阂他们很难理解自己喜欢的究竟是中国传统艺术中的哪些要素，其实这些中国传统艺术爱好者中的绝大部分人喜爱的正是中国古人对线条艺术炉火纯青的运用。西方艺术虽然在发展历史上以及对艺术语言的运用上与我国相差无几，但是两者对艺术性的把握和对艺术语言的选择确实存在差异。很多西方艺术家与评论家在深入了解东方传统艺术后都深深叹服，因为更加偏向色彩运用的他们之前确实未曾注意到寥寥几笔的线条也能让艺术作品焕发出惊人的神采，康德更是对此大加赞叹，直言称线条在艺术表现形式上是要胜过色彩表达的，他对这种艺术性凌驾于色彩之上的艺术语言倍加赞叹。马蒂斯认为，在西方的绘画艺术中通常将色彩看作画家情感的宣泄和表达，而与之对应的线条代表的则应该是心灵，而从人的情感表达的角度分析我们就会发现，情感的表达是寄托在心灵的悸动上的，因此在绘画作品中应该先通过线条为整个作品定下心灵的基调，然后再在这个基础上向其中填充代表情感的色彩，只有这样才能让艺术表达走在堂堂正正的道路上，而这种艺术创作在逻辑上也是更符合理性的。虽然西方艺术家们对我国的传统艺术表现中对线的巧妙运用手段不吝赞美之词，但这并不代表西方艺术中全然没有对线的使用，只不过在重视程度上和使用的巧妙程度上与我国艺术家存在差异。在使用技巧方面，线可以展现出轻重缓急、虚实强弱、顿挫转折以及粗细疾徐等不同的艺术特性，这些不同的变化可以反映出艺术作品在不同位置的不同状态，也是艺术家对作品和线的巧妙安排运用，一个优秀的艺术家需要做到触类旁通，不是说绘画家也必须懂得音乐技巧，而是不同类型的艺术本质上殊途同归，最终的艺术表现和艺术追求必然存在相同之处，比如对线条疾徐缓急的运用就和音乐中的抑扬顿挫有异曲同工之妙，绘画家可以不懂音乐的音律之美，但是却也可以在线条运用方面与之暗合。

最后要谈到的是平面。就像我们在数学知识上了解到的一样,将一条线段进行平行移动其轨迹形成的就是平面,而线又是点经过运动后形成的几何图案,因此可以将平面看作由无数个点组成的具有长宽两大几何性质的空间形态,作为平面图形中最复杂的平面也不具备只有立体结构才具备的厚度。对面的运用是艺术表现中的重要课题,不同形态的平面在艺术语言的使用上也截然不同,比如大小不同的平面在艺术表现的力度上差别明显,越大的平面给人的表现力度就越强,而平直的面和蜷曲褶皱的面也代表了截然不同的艺术性。如果赋予平面一定的厚度,那么原本作为平面图案的面就会成为体,相较于平面,体具备更强的视觉冲击力和艺术表现强度,同样长宽的平面和体之间的艺术表现力度也存在很大差异,而有了厚度的体之间的差异性会更加清晰地展现出来。

总而言之,无论点、线、面各自具备怎样的特性以及三者之间具备怎样的联系,这三个元素都是艺术作品中必须要时刻用到的,而公共艺术作为艺术表现形式中的一种,同样要通过常规的艺术手段达到相应的艺术目的,对点、线、面的利用是开展艺术作品创造的基本途径,只有将这些基本的造型元素应用到造型的设计当中才能做好艺术作品的创造与艺术语言的表达工作。

四、结构形式

公共艺术在构建过程中需要格外注意结构形式,而结构形式中又可以分为两个主要的领域,分别是平面结构与立体结构两个不同形式的结构建设,前者又被称作构图。下面我们从公共艺术建筑装饰的角度阐述结构形式问题。

(一)平面结构形式(构图)

1. 平面装饰构图中的透视变化

建筑的结构与形状会在很大程度上影响其中的平面结构,然而平面构图虽然在建筑的装饰中具有非常重要的意义,但是在公共艺术设施建设完成后最初的平面构图反而淡化了,其存在和意义在实际的建筑物成品中无足轻重,很多设计者甚至在设计环节根本就没有考虑过透视问题,对时空把握以及对远景近景、高处低处以及景象的虚实等造型要素都不曾给予重视,而是通过艺术家自身对公共艺术的了解依靠想象力构图并且通过想象建设艺术空间。这种幻想并不是艺术家的异想天开而是艺术的特殊性决定的，由于建筑物本身是具备功能性的且其一切装饰都必须在不干扰其正常功能的情况下存在，这就限制了很多艺术手段的施展，比如透视效果的过度运用就会对建筑物的原本功能造成影响，为了避免这种情况的发生，所以大多数非观赏性建筑都不会使用太强的透视关系（如图 4–2 所示）。话虽如此，但是在具体的操作方面并不绝对，虽然不提倡在功能性建筑中大量使用透视功能降低建筑物的强度，但是在不影响建筑正常结构的情况下适度使用透视效果以增强其艺术性也是可以的，通过适当使用透视效果能够让建筑具备更强的设计感并且满足部分建筑的功能性需求，对于纯粹将透视性作为观赏性质的建筑来说也能够增加视觉舒适度。散点透视和环形透视都是建筑中常用的透视手法，此外当然还有其他形式的透视方法比如焦点透视，但这些在功能性建筑中的应用非常少见，原因为何前面已经有了详细的描述，为了不影响建筑的强度与正常功能，透视效果的运用需要设计者仔细斟酌才能使用。

图 4–2　巴塞罗那 – 圣家族大教堂[①]

在公共艺术建设的过程中，对平面装饰图的运用非常普遍，而在平面装饰图中散点透视又是最常见的透视方式，尤其是我国在近现代公共艺术的建设当中使用的构图方法基本都是散点透视。这种构图方式的最大优势就在于其具备高度灵活性，随着公共艺术作品各项参数的变化构图也可以随之产生相应的变动，根据不同的环境特征该构图方式可以自由控制画面的变化。

① 图片来自作者拍摄。

环形透视本质上也是散点透视的另一种应用形式,但两者之间在使用方法和应对的领域上存在一定的不同,具体来讲就是这种透视方法能够将原本不属于同一环视方向的物象集中在同一画面区间内,从构图角度来看这样的做法能够让物象的艺术表现更加活泼,是对公共艺术语言的高级运用。

2. 形的适合

公共艺术设计之所以被看作艺术领域中的重点和难点就是因为其需要面向大众,作品需要经历民众的指指点点与评头论足,只有满足大部分民众需求的公共艺术作品才具备相应的现实意义与社会意义。而在公共艺术的创作过程中,如何将形匹配到合适的位置又该如何用多个形构建合适的艺术维度,这个问题始终是艺术家们争论不休的难题之一。可以从两个方面看待这个问题:一方面,建筑的主体不是装饰而是其内部空间或者说是建筑的功能性,所以在建造过程中很难专门为了后续的装饰设计等留出足够的空间,通常留给后来的装饰者的空间是不规则且不连贯的,如何才能在这种情况下做好装饰工作,在装饰中既不破坏建筑物原本的一体性和连贯性也要让装饰和原本的建筑有机结合起来而不显得突兀,这正是设计者付出最大心血的地方,正是为了解决这样的问题,才有对形的运用的深刻研究。另一方面,装饰不仅是对建筑物的修饰,同时看起来像是附属品的装饰物作为公共艺术的独立部分也需要体现出独有的文化内涵,因此其整体的统一性和连贯性也是作品构图的重点关注对象。正是出于这样的考虑,在对建筑物上的装饰的形进行设计的时候需要考虑的不仅是眼前的形,还有后续必然会出现的与之相关联的其他形的设计,在设计一个形的时候同时考虑到之前出现过的形和之后将会出现的形都是艺术家必须做到的,让这些先后出现的形之间具备相互适应的特性并且通过这些形之间的配合对有限的、不规则的空间进行合理利用,在让物象保持完整的同时在原有的基础上进行大胆的艺术加工和艺术家的自我发挥。在这种通过在有限的空间内进行不断创作发挥的过程中除了形与形之间的关联性使用外我们还能看到另外的艺术构造方式,那就是通过对平面构造中的基本元素也就是点、线、面的利用使得原本看似不相关的两个或多个形之间产生内在关联,这种关联会将不同的形联系在一起,让它们呈现相互统一却又相互制衡的关系,达成艺术表现中的平衡要求和和谐要求,通过这种更加具有艺术气息和哲学意义的艺术表现手法可以让艺术品展现更绚丽的色彩,而且这种艺术表现手法不仅在平面构图中被频繁使用,在艺术作品的立体结构中也有很广阔的应用领域。

3. 形的重复

在公共艺术的建设过程中,对形的规划与利用是最常见的,其起到的装饰效果对公共艺术的外表的和谐性营造有很大作用,往往为了维持外表的和谐以及艺术作品应有的艺术性,需要使用多种不同的形构建同一件艺术作品,同样一个平面构图中需要使用很多不同的形,当然平面构图作为立体结构中的一部分,立体结构中使用的形只会更多更复杂。而且除了使用多个不同种类的形之外,为了让作品更加具有艺术性和和谐感,往往还需要重复使用多个同样的形,这种重复是艺术作品的重要表现手法之一,也是艺术品装饰效果的重要来源。当然,艺术作品的构建是一个非常复杂的过程,对形的重复运用也可以分为两个类别,分别是对相同的形的反复使用和对看似相同但只是相近的形的使用,这两种不同的形的重复使用带给人的直观感受以及艺术感受都是不同的。对两种不同的形的利用并没有一定的规则,只要不破坏艺术品的整体美感以及基本的艺术整体规范,对其的运用就是自由的,无论是上下左右的结构运用,还是对环形、矩形等几何图形的排布使用都可以融入形的重复性,有时候为了制造视觉上的和谐感对形的重复使用也可以呈现渐变结构。

4. 形的层次

公共艺术的特殊性决定了其在艺术表现手法上必然和常规艺术存在很大的不同,比如同样是绘画艺术,但公共艺术的绘画对形的层次的处理与运用公共艺术作品总是独树一帜,其很少使用普通绘画中常用的透明等处理方式,而是更加青睐以自身的结构和装饰为基础,通过对形的前后堆叠等的运用处理好不同的形之间的层次关系并且将之发展为一种独特的艺术表现手法。

5. 图与底的关系

无论是在平面类型的艺术中还是在立体结构的艺术中,对图和底之间的关系的处理都是直接影响作品的艺术表达效果的重要因素。我国自古以来书画艺术的发展就少有其他国家能够相提并论,因此对图与底的关系的处理我国艺术家经验丰富且传承有序,如何运用虚实共同构建完美的艺术境界是我国艺术家从古到今的重要研究课题。亨利·斯宾赛·摩尔[①]是英国20世纪最著名的雕塑家之一,其艺术思想和我国古代的很多书画大家不谋而合,他对艺术作品的实体部分以及不可见的艺术作品的

① 亨利·斯宾赛·摩尔(Henry Spencer Moore,1898—1986),英国雕塑家,是20世纪世界最著名的雕塑大师之一。

留白空间的综合运用能力非常高超,这也使得他成为那个时代令人惊叹的大艺术家之一。通常来看,在平面装饰的艺术作品中图和底之间的关系可以从三个角度来看,这三个角度都和色彩运用以及色彩的对比有很大关联,其一是底色浅淡而图纹色彩深重,也就是说在以很浅的颜色作为底层背景的情况下在上层绘制黑色或者深色的图案;其二是底色深重而图纹色彩浅淡,与第一点截然相反,也就是在黑色或者其他深色的背景上进行浅色图案的绘制;其三可以看作前两者的综合体,也就是说底色和在底色上进行绘制的颜色都不固定,根据实际的艺术表现需求等方面随时对色彩等问题进行实时调整,这种艺术表现手法是最难的也是对艺术家要求最高的。

(二)立体结构形式

虽然在公共艺术的结构形式的划分中有平面和立体两个大类别的划分,但是从实际的应用和形态等角度来看,立体结构与平面结构在很多方面都具备共通性,这一点对立体几何学习比较好的读者不难理解,因为平面是由点和线组成的,而立体结构是由不同平面组成的,所以换句话说立体结构同样是由更多的点和线组成的,在对其进行整体结构的构建与调整的时候使用的同样还是原本用来调控平面构图的方式。但既然两者能够被各自单独划分出来,就说明除了这些相似之处外,两者间也必然存在相当程度的不同,比如在研究立体结构的构成的时候除了要对立体结构的每一个平面都以平面结构视之并且要运用解决平线结构的法则与规律解决问题,也要将眼光从二维领域转换到三维领域当中,充分考虑到三维立体结构的建筑周围的其他建筑以及公共设施建设等对公共艺术设施的影响,这种思考的复杂性是二维结构所不具备的。除了对周遭环境的考虑之外,立体结构领域需要思考的问题还有对材料的使用以及对各种不同材料特性及其搭配的思考,不同于平面结构的“纸上谈兵”,立体结构中材料的运用会在很大程度上决定公共艺术设施的坚固程度等,如果对这方面问题的考虑不足,很可能会导致艺术作品空有外形而不具备实用价值。

立体结构的空间运用和材料选择搭配会在很大程度上影响艺术作品最终的效果,而现代的很多公共艺术作品由于要表达的思想情感不仅体现在作品本身上,更多的是通过其中蕴含的意象和由作品的造型或其他元素引申出来的内在含义表现出来的,所以需要格外注重对空间艺术和造型艺术的运用。

第二节 城市公共艺术的表现形式

城市公共艺术从形态来看有很多分类，比如，最典型的雕像艺术、壁画艺术、设施艺术等，而如果着眼于这些不同的公共艺术形式的构成和构思基础，就会发现现代城市公共艺术在材料、手法和思路等方面都有了全新的表现。

20世纪对全球来说是一段非常重要的时间，这段时间内世界范围内的科技进步速度惊人，很多新的理念的提出和新的材料的被发掘或被发明都带给科学界以及其他领域重大改变，让很多在之前看起来好似天方夜谭的想法都逐一成为鲜活的事实。随着各种新式材料被应用到不同的领域当中，一些原有的设备都得到了进一步改进，很多新的科技纷纷应运而生，人们的生活水平得到了极大改善，而且无论是从生产活动还是从休闲娱乐领域来看技术类型都得到了长足发展，很多原本相对形而上的不具备实际意义的文化艺术被运用到了实际的产品生产中，可以说那是一个科技产品和精神文化交融且百花齐放的时代。展现了一个新形式的交流平台，一个与公众进行交往的契机。在这个过程中，许多艺术家走出个人工作室，在一个与公众之间具备更加深入密切交流的场合下开展艺术工作，将本来就会走入公众的艺术从创意角度和公众联系在一起，让公共艺术带有浓郁的公众与社会色彩，让这门艺术变得越来越名副其实。

由于艺术种类的多样性，一些当代的行为艺术家、装置艺术家、景观设计师、雕塑家、环境设计师、规划师、策划师等的参与，使公共艺术呈多元化的态势发展，除了最常见的雕塑和壁画外，由于很多新的理念出现和很多新式材料的开发，更加具备时代色彩的光电艺术、空间表现艺术以及新材料艺术纷纷诞生，且成为时下最流行的公共艺术表现形式，而后在这些艺术的基础上装置艺术[①]也随之出现，还有地景艺术等原本就存在但在装置艺术出现后才得到正式命名与广泛发展的艺术在此就不一一赘述了。在这里我们不多谈大多数情况下不在城市空间内的地景艺术，只从其他几个角度看待现代城市公共艺术的最新发展情况与表现形式。

---

① 装置艺术，是指艺术家在特定的时空环境里，将人类日常生活中的已消费或未消费过的物质文化实体进行艺术性地有效选择、利用、改造、组合，以令其演绎出新的展示个体或群体丰富的精神文化意蕴的艺术形态。简单地讲，装置艺术，就是“场地＋材料＋情感”的综合展示艺术。

一、新材料的艺术

艺术虽然听起来就带有一种似乎不食人间烟火的超然气质,但是实际上无论具备多么高的艺术性,艺术终归还是要落实到人们的现实生活中的,不具备现实意义、不存在现实功效的艺术是没有市场和价值的。因此艺术的精神可以不朽,但是作为艺术作品的承载的艺术材料显然不具备这样的特性,艺术作品的材料在时光长河的长时间洗礼下终究会腐朽,所以艺术家们在创造艺术作品的时候如果希望作品能长久存世,必须要考虑到这样的现实问题并且将材料的耐久程度以及后续的可维护性和可维修性等问题都综合纳入对艺术作品的考虑中。由于艺术作品必须要被展览、被万众观摩乃至触碰才是其艺术价值的展现方式,因此近现代很多新型材料的出现对艺术家们具备很深远的影响,让一些原本无法实现的艺术构造方式和艺术作品表现手法得以真正实现,也将近现代公共艺术的艺术渠道进一步拓宽。

雕塑艺术作为一种在公共艺术发展历史上存在最久远的艺术表现形式之一,其在材料的选用方面具备非常科学的考虑,比如最早的雕塑艺术使用石材作为承载艺术的基础材料,后来随着金属逐渐成为人们生活中比较重要的材料之一,利用铜材拓展雕塑艺术的材料渠道也成为一段时期内雕塑艺术的主流。而随着近现代的到来,不锈钢材料的出现更是为雕塑艺术拓展了渠道。从这个角度来看我们可以发现,雕塑艺术使用的材料在耐腐蚀性和坚固程度上始终都是在走上坡路的,而很多新型材料的发展让很多新颖的材料都进入了雕塑领域中,这些具备不同物理性质和化学性质的材料在这种艺术表现形式中究竟有怎样的作用尚需时间的检验。在时代发展进步的同时,艺术家除了在艺术表现手法上也要在艺术理念方面随着时代有所进步,比如现代艺术家就要进一步领会作为艺术欣赏对象的人与人、社会以及自然之间的内在关联,在这种不同时代间的艺术理念的碰撞中不同的灵感火花的诞生会赋予新的艺术与新的材料不同的意义,这也是公共艺术沿革的重要途径之一。以我国的假山艺术为例,古代的假山艺术使用的材料相对比较单一,通常情况下只有石料,这种原汁原味的艺术表现形式并不是不好,但随着时代的发展、新的材料的出现却能够让这种艺术更上一层楼,比如在其中添加不锈钢材料能够让假山显得更加嶙峋怪异,增加那种山体的美感,而且只使用石块构架庞大的假山势必会存在安全问题,一旦假山过高可能会存在石块滑落的现象,通过用不锈钢作为骨架而用石块作为外在的形式也能够让假山的结构更加稳固。这种通过材料的转换更新艺术表现手法不仅具备艺术内涵，而且还具备深刻的时代意义，是时代更迭和时代特征与艺术材料的有机结合。这种从单一材料、传统材料向多元材料、新式材料转变的形式是必然的，而不同的材料可以赋予材料不同的含义，多种材料的多元化融合能够加深作品的语境表达，让作品具备更深的文化内涵，同时这种内涵丰富的作品也是一种超越材料限制的超自然性艺术表达。

雕塑艺术并不狭隘，并不是只有对一整块材料进行雕琢和修饰的艺术才算作雕像艺术，如今通过多种不同材料组成的具备动态化特征的雕像艺术同样是其在时代背景下的变化形式之一。传统雕像艺术是静态性的，由于整个雕塑都是一体式的结构，因此在不对其进行整体破坏的前提下是无法改变原有雕塑的外观形态的，从作者宣布作品完成的那一刻开始，雕塑作品的外形就被以一种单一化的形式确定了下来，呈现给艺术欣赏者的只会是一种特定的雕塑作品，这样的作品是不可更改的。而更加具有现代气息的动态雕塑艺术则不然，由于其在时空表达方面更加灵活自由，所以呈现给艺术欣赏者的往往是一种生机勃勃的状态，同一个作品随着其形态的变化可以表现出不同的丰富形象，而且在展现一个形象的时候可以蕴含不同的潜在内涵，以更多的欣赏角度面向大众。动态形式的雕塑艺术中融入的主要外来元素并不是机械元素而是来源于机械文化中的变化因素，也可以称之为动态因素，这种在原本雕塑的艺术表达的基础上添加多种不同艺术元素的做法是雕像艺术在新时代发展的重要方向，通过这种动态化变化雕塑具备更加活跃的特点，通过不断地重叠、交错等效果动态雕像更加立体，增强了原本的艺术表现中的活泼元素。

二、光电的艺术

光电艺术与其他形式的新兴艺术相比具备更强的时代特征和全新的艺术表现形式，因为光电艺术是一种以激光技术为基础的通过营造多维度立体空间来进行艺术表达的现代化艺术形式，是随着科技的发展进步才出现在我们生活中的。严格来讲，光电艺术以及作为其前身的激光艺术都属于空间艺术的另类表达形式。在过去的艺术家看来应该算是空间艺术的未来形态，而且这种艺术发展形式与表达手法给原本就具备多元性空间艺术赋予了近乎无限的可能，尤其是在很多影视作品中以及需要运用光影效果的场合，光电艺术都已经迸发出耀眼的火花。很多设计者在之前由于缺乏足够力度的技术支持导致很多构想只能停留在纸面上而无法付诸实践，在光电技术被发明出来之后，很多看似天马行空不切实际的艺术设计与表现都已经成为可能,在可预期的未来,光电艺术必然是空间艺术的发展重心。

三、空间与表现的艺术

从对空间的表现性来看,艺术是非常好的载体之一,尤其是公共艺术更是最能将空间尺度展现出来的艺术形式,在艺术表现手法上也是最具备拓展精神的。公共艺术中的空间要素是对这种艺术表现形式与艺术整体表达的一种补充与拓展,艺术中融入了空间性元素之后终于脱离了展览馆等狭隘空间的桎梏,将整个城市乃至于完整的大自然作为展现艺术的空间。很多传承至今的公共艺术表现形式上具备古时候祭坛等建筑物的空间尺度感,从作品当中我们能够很好地体会到当时的人们对空间的理解以及在作品中融入的其他形式的人文特征,这些作品继承与环境的亲和、与天空的呼应、与大地的容纳理念,探索在心理空间概念上与物理空间的相契合。比如所谓的大地艺术就是将空间作为艺术表达的基石和主要元素,在相关类型的作品中探索了空间外向延展的可能性,甚至可以说这种空间类型的艺术表现手法不同于其他艺术将空间融入艺术作品中,该类型的艺术作品是将作品嵌入到自然空间中,对自然空间的利用更加得心应手。在时间上则取消传统雕塑艺术追求的永恒性,作品很快就被消除。法国观念主义艺术家丹尼尔·布伦是走出美术馆的先行者,他不断以自己的艺术行为,寻找艺术在公共空间中的表现。他在艺术探索道路上的身份就非常多元化,最早通过绘画作品展现自己的艺术精神,后来随着对艺术探索的深入,他对雕塑艺术也有了触类旁通的深入了解,因此主要通过雕塑作品在美学道路上继续高歌猛进,最终随着时间的推移和主流艺术表现形式的转变,他的艺术思想更加宽广,投身到了社会公共艺术的建设工作中。由于公共艺术是一种面向大众并且深入大众的艺术,不同于传统艺术家在封闭空间中进行创作最终在群众中寻找喜爱者的形式,公共艺术可以说与之完全相反,公共艺术的创作者必须对人民群众的艺术审美以及对艺术的要求有明确的了解,并且通过这份了解反向创造艺术作品。布伦为了了解大众化的艺术审美将自己的作品放在大街上任人评头论足,在绝对的公共空间内了解大家对自己的艺术作品的看法以及对艺术的了解和追求。前后经历了很长时间,布伦才终于在自己的艺术审美和大众的艺术审美之间找到了平衡,在将自己的作品进行了一定的调整后得到了广泛的理解与认可,成为一位公共艺术家。

公共环境问题也是公共艺术家思考的问题。举个比较典型的例子,在20世纪80年代的我国成都地区，一位名叫贝特西达蒙的艺术家构思并打造了一个以“水”为主题的公园，根据水是生命之源、没有水人类的命运将会走向毁灭等思路将艺术表现手法融入了公园的建设中，打造了一个既具备公园应有的美感又具有深刻教育意义的水上公园，其中包括了艺术思想、水资源保护理念、公益教育理念以及科学展示手法。公园外造型像一条徜徉于河水中的大鱼，寓意生命的远古祖先，以获得生命的象征，既消解了现代主义的弊端，又阐发了后现代主义回归自然以人为本的意义追求。在公园内部的公共艺术建设中蕴含了大量关于水的元素，将水和人类的命运紧紧关联起来，通过普通的水资源教育、净水过程与净水方法教育和对水与人类社会的整体命运间的关联这样的宏大命题的展示，让参观者能够一步步深刻了解到水资源对我们的重要性，并且能够认识到水对生活的影响、水对环境的影响乃至于水和我们命运的紧密联系，这种公共艺术教育既能够体现对全人类命运的关怀又蕴含了对水与艺术表达的联系。

在公共艺术中引进“场”的概念，是一种新的进展。场的概念在空间造型中指物体与物体的关系。当今的公共艺术对空间属性的利用和探索更加大胆，因为传统艺术几乎已经发展到了极致，其对室内环境以及一切能够发生在室内的艺术行为几乎都已经研究透彻，而且人类社会在长时间的发展中对实体领域的侧重和对精神文化领域的忽视导致了人心普遍向着功利化的方向转变，为了扭转这样的现象并且在艺术领域开辟新的发展空间，主要研究室外空间以及室内空间的交互融合以及两者间存在的场域结构的现代公共艺术的火热发展也是可预期的。

公共艺术是人类在艺术史上最伟大的转型，没有之一。对公共艺术的开发与探索完善的过程正是人类对自身生活的大环境的探索过程，这种艺术表现形式从私密性到公共性的转变意味着人在探索过程中的思想也发生了转变，是从微观向更加宏观的形式的转变，也可以看作人从艺术性的已知领域向未知领域的大胆探索。人的认识进入一个新境界，原来神秘、混沌的世界变得清晰和明确。虽然对表观与微观的认识是相对的，但人们在这一相对时空的知觉却是全新的。公共艺术的表现，也相继出现不少新作品，令人耳目一新。

四、解构与装置艺术及其他

当今欧美公共环境中，新型的雕塑与传统概念的雕塑有很大差别。现代雕塑作品，越来越脱离单体状态，它变化不定，五花八门，形、色、质均发生很大变化，雕塑形象模糊化，只有形，没有象，或者连形都没有，只有一些局部与部分。它可以是休闲的一个木堆、玩耍的一块踏板、互映的一面镜子等（如图 4–3 所示）。

图 4–3 西班牙 – 瓦伦西亚 – 科学艺术城[①]

这些类型的艺术作品虽然看起来千奇百怪甚至有故作高深的嫌疑，但是无论怎样评价都不得不承认其具有的创新性。这些作品无论看起来多么不像艺术作品，但其带给所有观察者的崭新的思维方式与看待艺术的角度都是切实存在的，说得深入一些就是这些作品可以带给观察者全新的美学欣赏角度以及看待周边世界与融入周边世界的方式。更重要的是，这些带给我们全新美学体验和美学思考的作品的来源非常普遍，在日常生活中就能找到其中的绝大部分，比如一团毛线、一节管道以及几片金属等，这些随处可见的物品在受到了美学启发的人眼中都是艺术作品，也就相当于我们生活中凭空增加了很多艺术气息。也正是这些看似平淡无奇的物品，能够带给生活中的我们关于人类、材料以及环境与空间等问题的思考。

装置的重要存在意义之一就是对全新的文化语言的表达，虽然大致相同体量的装置艺术作品和雕塑艺术作品之间使用的材料相差无几，但是两者在艺术表象方面和文化语言使用上截然不同。它使雕塑与装置的边界越来越模糊，它不在乎专业之间的模糊，而在于作品的意义。

新的雕塑使环境与人建立起一种新的综合公共艺术环境，它正在促

① 图片来自作者拍摄。

使人类的生活开始一个新的历程。

装置艺术始于20世纪60年代。装置艺术出现的主要思想观念就是解构主义,其思想内核之一在于用"文本"表示世界。而之后诞生的装置艺术也是对这种思想观念的最好表达,其文化语言运用和艺术表达形式都来源于解构主义。按照其思路,既然世界是文本,那么所有生活在世界上的人都需要对整个世界有自己独特的认知,这种认知可以看作每个人对同样的作品不同的读后感,每个人都有根据自己的意志对作品形成不同想法的权利。装置艺术在艺术发展中最杰出的地方就在这里,其在自我和世界之间找到了完美的平衡,相当于在我们所处的这个大世界当中创造出了一个独立的小世界,这个小世界同时属于每个欣赏者也属于更大的客观世界,其相当于沟通自我的小世界和客观的大世界的一道桥梁。这种奇特的艺术表现形式可以让看到的人产生思想,这种思想在观看过后会成为观众的记忆,而人的经验正是来自经历过的事情以及脑海中存在的记忆,而记忆会在观众的脑海中不断受到主观意志的影响而产生的带有主观色彩的偏移,同时经验也会受到主观色彩的加工而成为只属于某个人的经验。一方面这种经验会对观众有所帮助,另一方面观众的经验和看法回溯到作品中也会成为作品发展进步的帮助。装置艺术比绘画艺术和雕塑艺术更加具有优越性的原因也体现在此处,其对这些经验等的记录制度要比绘画作品等完善许多,因此其后续的改革与调整也更加有迹可循。装置艺术对当代公众的生理和心理之间的平衡的调整是其最大的作用之一,由于其既是客观世界中真实存在的又是能够沟通观众内心世界的,所以才能够将原本属于观众内心世界的情感等在客观世界中以具象化的方式表现出来并且记录下来。

装置艺术在三维空间环境的营造方面是其他的艺术表现形式无法相提并论的。这个被营造出的艺术环境处于客观大世界中,同时又能囊括观众代表的小世界,这种被创造出来的环境将观众紧紧包裹在其中,并且连带着将观众在艺术欣赏过程中产生的思想情感等也作为艺术和艺术欣赏的一部分纳入其中,让这些原本不属于艺术作品的内容成为艺术的一部分,让观众在艺术欣赏中从原本的被动接受他人展现出来的艺术转化为自己在看到他人的艺术表现后开始主动思考并参与到这种艺术性构建活动中。这种艺术表现手法相对最具备艺术的玄妙特质,因为其需要观众全身心地投入其中,除了要将身体和思想沉浸在艺术表达中,更要将所具备的一切感官活动都暂时为艺术欣赏服务。除了其他形式的艺术作品之外,观众最好能够不受到任何外界因素的影响,置身于装置艺术作品所营造的空间中,全身心感受这种大小世界交融碰撞的艺术表现形式。

第五章

城市公共艺术的创意过程

第一节　城市公共艺术的设计原则

一、公共艺术与公共空间的依存原则

公共艺术和公共空间的关系是怎样的呢？对于公共艺术而言，其环境、时代和公众所具有的需求要与公共艺术相适应，即要有适合的环境空间，也就是说，要对公共艺术中的艺术形态进行创造，同时让它们在环境空间中进行保存。对于一些景观而言，其塑造和建造的过程是没有经过筛选而直接成型的，这就对环境因素没有进行适当地考虑，其整体的效果也就不够好。

对于公共艺术空间而言，环境本身的适应性是更加重要的。比如，对于特定空间环境而言，要求使用金属材料，同时需要保证视觉效果，这样就能发挥材质本身具有的优势。对于公共艺术而言，其没有概念上的定义。公共艺术之所以可以向着更多的材料进行渗透，主要是因为，对于不同的材料而言，其"美"感是不同的，无论是进行公共艺术在其适应性上的增加还是对其艺术语言的丰富而言，都有着决定性的作用，同时保证公共艺术本身具有更多的活力。

公共艺术是在特定的功能环境空间中存在的艺术。室内空间环境和室外空间环境有着不同的范畴，室外建筑物的空间是具有开放性的，是对自身的体量和周围环境中的空间进行围合而形成的。在进行设计的过程中，主要是对建筑外部的墙上公共艺术进行依附，对于建筑而言，其特点就是紧缩，对于建筑外部，在墙面上的扩展视觉效应是不应该存在的，与此同时，其语言和表现上应该是相互协调的。对于公共艺术而言，其表现形式和表现手法与建筑的外观应该是协调的，同时，其本质是进行不断融合和渗透的。对于公共艺术而言，在对建筑外部空间进行适应的同时，根据环境空间和建筑功能在需求上的不同，心理和视觉上的效果是发生一定程度的弱化的，是对总体空间环境进行建设。

相比于室外环境，室内环境本身是具有一定围合性的。室内空间创造的基础在于人的不同需要，在此基础上产生了内部进行围合的容积体。对于室内环境而言，因为其受到一定的使用功能上的限制，这就使得其必须进行主次空间上的划分。对于室内公共艺术而言，在特定的室内空间环境中，其对于空间环境所产生的作用是比室外更强的，根据不同的需要,对室内的公共艺术品进行光照,比起室外,操作起来更加方便。所以,在进行公共艺术的设计过程中,对于不同的功能,其在独立性上和相对性上所表现的特性是不同的。

除此之外,公共艺术在人心理和视觉上所产生的效应是可以进行利用的,它能让空间发生一定的紧缩和扩展。不管是室外还是室内的公共艺术,其在心理上和视觉上所产生的效应都会对空间环境产生一定的影响,与此同时,对其自身而言,其参与形式的不同也使得空间环境发生了再创造的情况。在科技不断发展的今天,建筑、材料和环境都是在不断变化的,我们只有保持清晰的头脑,才能不断进行创新和学习,不断培养和提升自己的经验和学识,这样才能创作出更好的现代公共艺术作品。

二、公共艺术与不同环境的统一原则

(一)公共艺术与自然环境

自然环境包括山脉、平原、河流、森林、草原等,也包括风、霜、雨、雪、阳光、温度等自然现象,自然环境是由它们共同构成的,同时对于人类社会来说,也是其存在和不断发展的重要基础。对于人类来说,其生态价值和经济价值都是至关重要的。我们应尽量以保护与体现自然环境的自然属性为主体,在这个基础上发挥人的主观能动性,对自然景观进行改造。通过人类对自然景观的实践活动,在自然环境之上建立一个具有自然属性以及文化含义的新生物圈,自然环境是一切环境之母体。大自然是千变万化的,在自然界中,不同的姿态具有不同的美感。对于人类所具有的特性,环境能对其进行改变,与此同时,对于不同的环境空间,不同的人所产生的心理感受也是不同的。对于在都市中生活的人们而言,大自然的悠闲是他们所追求的,但是城市所特有的喧闹又是他们离不开的。所以,对于很多人来说,进行人工环境和自然环境上的共存是至关重要的。在现代社会,人类所具有的精神文明和物质文明是在不断提升的,这就使得人类的生活方式一定会发生变化。人类在精神上的需求变得越来越高,对于个性的存在也越来越尊重,这就导致各种创作对于情感的尊重已变成一种普遍现象。对于不同的空间环境,人们针对不同的功能要求,使用的处理手法也是大不相同的,要做到在环境中对公共艺术进行凝结。人工环境和自然环境共同结合才产生了现代环境,其关键就是将公共艺术与环境进行结合。

在现代环境和公共艺术的创作过程中,我们要格外重视人工环境和自然环境的结合。如果公共艺术是在自然环境中出现的,在更大的生活空间介入的同时,还需要对于生态在地貌和地形上进行不同创作方向的寻求。对于公共艺术设计而言,运用"水"这种媒介去进行创作,也是一种重要手段。对于生态环境而言,"水"是一种重要的因素,在都市环境中,绿色植被是缺少的,"水"的存在无论是对于视觉还是心灵,都能保证公众可以获得一定的舒畅感,对于"水"而言,其灵动性和多边性也使得在创作过程中,其对于环境的不同需求是能满足的(如图 5-1 至图 5-3 所示)。

图 5-1　江南水乡西塘的水景设计[①]

图 5-2　西索民居的水景设计[②]

① 图片来自摄图网。
② 图片来自摄图网。

图 5-3 嘉兴夜幕水景[①]

比如,在很多现代化空间中,自然水景雕塑是高低错落的,水帘会给人一种柔软和滋润的感觉,这对于现代建筑所具有的冰冷感和生硬感能进行一定程度的缓解,在这里休息时,往往会使人们感到放松而平静。城市要进行环境的创造,与此同时,城市对于自然环境而言,更是其重要的组成部分,它在大自然中出现,同时被包围,对于整体的生态系统而言是独立的,也是无法被脱离的。所以,作为城市中必不可少的雕塑作品,其创作应该是根据其自然美的规律进行,不能放弃其中的自然规律,更要注重减少对环境的破坏(如图 5-4 所示)。

图 5-4 珠海水景雕塑渔女[②]

① 图片来自摄图网。
② 图片来自摄图网。

（二）公共艺术与人工环境

对于城市环境中的人工环境而言，其是重要主体。公共艺术和建筑有着“姐妹”一样的关系，对于公共艺术而言，建筑环境是必不可少的，同时，对于公共艺术和建筑艺术所具有的关系而言，首要任务就是公共艺术所具有的位置，同时，材质、手法和与其他建筑进行融合的因素也是需要考虑的。唯有进行进一步的渗透，才能实现这两个艺术体的交流与融合，而不应该是进行强行设计或是强行安装。在进行融合后，这两个艺术形式就成为一体了，对于建筑空间的美进行再现，同时对于公共艺术所具有的风采进行展示。

对于传统建筑环境中所具有的公共艺术来说，其主要是在建筑表面进行附着而存在的，对环境气氛进行烘托，同时进行建筑环境的点缀。对于新建筑的创建而言，不是要将公共艺术从原本的建筑环境中进行废除，而是要对公共艺术的存在方式进行改变，使之在现代建筑所具有的整体环境中进行融入和存在，以形成一种全新的形态。对于新建筑而言，公共艺术已经在其中进行融汇。对于新建筑环境而言，企业是一种重要的“形态”。对于建筑来说，其不再是一个相对孤立的空间环境，而是一种对于多种艺术进行融合，同时具有一定综合型的艺术空间。对于公共艺术而言，这一环境对于其有机组成部分会进行一定程度上的分割，这就导致建筑本身和公共艺术空间中所具有的差别是很难进行区分的。

（三）公共艺术与时代环境

公共艺术就是要保证其与所处的时代环境是相对适合的，也就是说，公共艺术所处的时空与其本身的审美特征应该是符合的，在空间与时间的匹配性设计等方面，要注意这一空间与时代的匹配。比如，一些艺术意象在唐宋年代就已经存在了，但是其发生一定的移植，从而出现在现代，这就导致公共艺术产生了一定的时空混淆的情况。每一个时代的时空背景和美学都是大不相同的，虽然不同的历史因素往往会导致不同造型的出现，但是对于美学观念和造型而言，其结果的得出得益于创造的过程，对于这个时代而言也是符合的。对于不同元素的结合而言，公共艺术的设计者本身要具有一定的学术根基，同时对设计概念的使用情况具有一定了解。不然，对于不同元素进行结合的不同创造手法可能会变为一种随意拼凑的简单手法，这就无法创作出时代所需要的审美要求的作品。

社会环境是指由社会结构、生活方式、价值观念和历史传统所构成的

"无形的"社会环境系统。室外景观设计是环境外形与内在结构显示出来的综合特征,它综合了环境的表象、外构和内涵三个方面。其中内涵是环境社会价值和性质的内在体现,它不会被直接感知,而必须经过思考和体味才能被领会和掌握。社会环境主要是作为"内涵"而参与室外景观环境的形成和发展,它虽然"无形",但却有着巨大的潜移默化的力量。因此,公共艺术设计以它为生成发展的背景和根据,同时,更重要的一点在于公共艺术设计的社会化属性,公共艺术作为自然力量和人工因素相互作用的产物,其形态在很大程度上受社会生产力的影响,同时是社会意识形态的物质表征。公共艺术设计者应该了解社会需要与社会条件的关系,认识每一个社会成员对公共艺术的整合需要,以及在当时社会经济、文化条件下满足这种需要的可能性,这是公共艺术设计的重要依据之一。

(四)公共艺术与文化环境

文化生态学把人类的文化创造活动与公共艺术设计的关系纳入了一个整体进行考查,得出了文化生态系统的结构模式,即文化环境。作为主体的人与公共艺术之间,具有一个多层次的结构。其中,与公共艺术设计关系最为直接的是由环境所构成的物质文化,科学技术构成的智能文化,经济、政治体制构成的制度文化,宗教、艺术、哲学等构成的观念文化。文化环境是使人适应外界的调节器,人通过具有文化特征的室外景观设计来适应环境,改造环境,由此构成了人类社会赖以生存、发展的文化生态系统。

作为人进行创造的本质,公共艺术的形态是特殊的,对于人类在现代化城市的发展上所具有的意义是里程碑式的。一百年来,世界各民族是在用公共艺术对城市空间进行装点的,同时对其生存方式进行不断的表达和追求,这就对民族中的精神财富进行积累,也使得城市公共艺术在其文化上的积累是独一无二、不可复制的。

公共艺术设计者需要将城市系统中的自然环境和人文环境进行一定程度的结合,保证其有机性和逻辑性。在进行城市设计的过程中,对于其个性要进行突出,同时对于其中存在的艺术价值和历史文化价值要进行升华,对于环境整体上的美感进行把握,对于民族的特性进行重视,从而实现用区域形式所具有的美对人们相对其生活环境所具有的艺术质量进行提高的心态进行满足。对于人们而言,环境艺术的整洁性和美观性不再是人们单方面的追求,更需要对其中存在的艺术性与其本身具有的文化内涵进行一定程度的结合。对于公共艺术而言,其对于城市文化景观所具有的作用是至关重要的，无论是对于艺术本身的创作还是对城市文化所具有的特点，其关系都是互动性的。它是由城市的空间特质和人文环境进行控制的，对于其中的艺术魅力进行展示，从而实现对城市环境的架构过程。

东西方在对造型的理解上和审美特点上所具有的差别很大，对于东方人而言，造型是其更重视的一方面，西方人则对抽象性更加感兴趣。这样一来，就算所处的国家是相同的，但不同人的爱好也是大不相同的，公共艺术创作者在创作的过程中需要对此进行考虑。所以，对于公共艺术而言，其特质是足够强的，对于社会文化进行一定信息上的表述和传达，对于公众的联想和共鸣进行引发，保证环境、公众和艺术品之间产生一定的良性互动，对于环境所具有的活力和生机进行激发。总的来说，对于公共艺术而言，如果是在和环境进行更加亲密的交流的公共场所中出现，这就导致其与公众是具有一定亲和性的，同时在对话上也是积极的，对于其与公众应该具有的亲密关系等能进行保障，对于公众与公共环境中所具有的主客体之间的关系慢慢淡化。与此同时，对于公共艺术而言，其本身与其处境应该也是相关的，其中还包括人工环境和自然环境，对于很多方面在表象上都是至关重要的，比如体量尺度、环境色彩、材质等，保证其与环境是和谐的，同时对于人物进行一定纪念、对历史事件在精神上进行象征，对于文化传统进行隐喻，从而实现对其中的精神进行连接。在一定程度上，公共艺术这种生活艺术是具有一定公共性的，对于公共环境本身的体貌特征的塑造和城市中人文环境的塑造所起到的作用都是至关重要的。

三、公共艺术与公众审美

公共艺术是公众化的艺术，要满足公众所具有的基本要求。公共艺术对于城市公共环境是一个重要的作品，要与公众进行一定程度的交流，其作品的出现不应该是独立的，而应该要保证公众具有一定的参与性。在进行城市公共艺术所具有的空间环境的营造过程中，其从原本的被动接受向着主动参与进行转换，使得周围环境开始变得活跃，为公共艺术作品的交流和感悟提供了一个重要的场所，来保证公众和公共艺术中进行不断的对话，同时对公众和作品之间的互动关系进行重视。对于公共艺术创作而言，这一环节是至关重要的。在公共环境中，人们从原本的被动接受变为主动参与。而对于公共艺术创作而言，人的参与是至关重要的。无论是其形式还是尺度，公共艺术对于其与公众所具有的关系都是重视的，比如，在很多自然景区中，艺术作品往往都有着较高的品质和较强的形式，能对人们的性情进行陶冶；在很多商业区，雕塑的设置往往就是具有一定现代感的，也是开放的，能给公众带来更加休闲的感受；在儿童游乐区中，对于其中颜色的搭配是更加鲜亮的，也更容易进行理解，能为儿童玩耍提供一定的便利性。所以，公共环境需要公共艺术对其进行一定程度上的活力的提供，对于公众和心灵是要进行不断对话的，这就说明，在其创作过程中，公众性是至关重要的。很多对于民族审美和区域不同的审美要求是不应该出现的，对于人们在其物质的使用要求和审美要求上都要尽可能满足。

四、以人为本的公共艺术设计

远古时代，人类用树枝、土、石块构筑巢穴，躲避风雨和野兽的侵袭，由此开始了最原始的环境创造活动。在近代，工业是不断发展的，同时人们的生活水平也发生了一定程度的变化，人们对环境的要求也在不断提高。环境的功能越来越复杂，同时其技术也是更加精巧的。对于环境而言，其样式越来越多，有很多新的公共艺术类型相继出现，比如各有特征的人文景观、公共设施、广场的雕塑、室外的壁画、有趣的环境小品等，它们在现代生活中，一直扮演着至关重要的角色，在我们的头脑中留下深刻的印象。公共艺术不仅可以方便人们的行动，同时，其也是一种可以进行参照的重要系统，这就导致人们对于与环境进行联系的想象和事实是可以说出的。

公共艺术设计是对人和环境之间所具有的关系进行的重要探讨，对人们的生理需求、心理需求和行为方式等进行一定的设计，同时对环境的使用方式和环境的使用者在以下几个方面进行具体关注。

（1）对使用者的身体活动尺寸，公共艺术要进行关注：对使用者在其公共空间中的活动要进行研究，同时对人体的尺寸、场所的大小和公共艺术尺度所具有的关系要进行研究。

（2）对使用者在生理上的需要，公共艺术要进行关注：对公共空间中的多个要素进行多方面的考虑，比如，通风、采光、照明、健体、舒适性、愉悦性等。

（3）对使用者的行为方式，公共艺术要进行关注：对不同类型的公共空间，人们所进行的活动是具有一定规律性的，这就说明对使用者的行为方式要进行充分设计，这样才能满足其实用要求和审美要求。

五、公共艺术设计特性

我们同时使用存在状态来对公共艺术的构成要素进行状态上的衡量,它是对空间和实体进行构成上的一种整体的设计。对于构成实体而言,其在感官的“积极形态”中进行直接作用,比如,雕塑、壁画、设施、道路指示系统等。在外形上,它们都是可见的,对于这些实体和空间可以进行构成,从而形成完整空间。对于环境而言,我们在实体上的建造是有形的,并且对于无形的空间的限定是需要有形实体的。对于无形的空间要素而言,公共艺术中要素是由形状、尺度、色彩、肌理和声音等多方面构成的。

公共艺术设计的特性表现在以下几个方面。

(一)公共空间的复杂性

公共空间是在人类文化活动和经济活动不断发展过程中形成和产生的,其空间结构是错综复杂的。对于人类的需要,它是要进行满足的,其宗旨就是对人类生存环境的创造,其本身所具有的复杂性和艰巨性导致其艺术风格和纯物质功能原本的范畴被超出。为了对多样化的生活进行适应,对于环境,人们进行综合利用,同时对更多的功能进行利用,比如,交通、商业服务、文化、娱乐、居住、办公等,从而实现技术的复杂性。

(二)公共艺术设计的综合性

公共艺术工作的综合性是比较强的,这就说明,它不仅是艺术创作的过程,也是物质生产的过程。对于每一项公共艺术设计而言,使用功能、结构技术、材料经济、地域环境、社会意识等都会对其产生一定的制约,从而实现对不同问题矛盾进行解决。比如,在面对公共艺术所具有的实用、心理、生态和社会方面,人们在其中的要求是要产生冲突的,同时对投资、材料、技术、设备条件等进行要求。其局面是相对复杂的,这就需要设计者具有综合能力,能够平衡各种矛盾,对于各个方面的要求要尽可能满足,如果设计者仅对其中一个或是两个方面进行满足,这就往往会导致忽略其他方面,其在设计上是具有一定的片面性的。

(三)公共艺术设计的渐进性

任何公共艺术设计都不可能一蹴而就,其过程是逐渐摸索的,同时要进行不断完善的。对于环境设计而言,其在问题的提出和解决上并不是孤立存在的,而应该是进行不断影响和前置的。某一问题的解决,对于其他问题也会产生一定程度的影响。这种情况的出现往往是因为公共艺术本身是在不断发展的,同时环境会发生变化,环境管理和经济投入也会出现不同。这样看来,设计过程是从原本的粗、不全面和不完善向着细、全面和完善不断发展的。

(四)公共艺术设计的创造性

对于公共艺术设计而言,客观上的影响因素包括场地本身的实用要求、场地所具有的自然气候条件、使用的材料、有关政策法规、艺术特征,以及不同地域的历史背景、文化传统、习俗爱好和审美风尚等。正是因为这些客观因素的存在,导致场所中的形式和内容都大不相同。但是,从另一种角度来看,设计者本身具有的主观因素对于设计也有着较大影响。客观因素对于设计方案的影响不会是机械和固定的,往往是设计者本身所具有的价值观念、文化素养、创造个性、工作能力等,在进行设计和解决矛盾的过程中会对其产生一定程度的影响。这样就需要设计者善于判断,在设计过程中要对其中有利的一面多加利用,对于其中的方案和措施的解决需要具有一定的创造性。

(五)公共艺术的体验性

对于公共艺术而言,不同形态的体验是不同的,通过设计,公共空间可以带给人们生活和学习上的乐趣。对于人们,它会带来一定的心理体验,比如,轻松、欢乐、活泼、愉快、崇高、沉静、紧张等。在对一个公共场所进行设计时,我们要对公共艺术设计中所具有的环境和体验感进行匹配。比如,在游乐城中的公共艺术设计和在纪念广场的公共艺术设计是大不相同的。来到游乐场的人们主要是想远离日常生活,同时对环境进行一定改变,希望生活更加轻松,希望在活泼的氛围里和滑稽的形象中放松自我。对于那些不停旋转的、波动的、离奇的游戏器械,人们是喜爱的,对于音乐也是喜爱的,同时,对于那些有一定特点的服饰,也是感兴趣的,希望在游乐场中收获快乐和良好的氛围。对于纪念广场而言,则应该给人留下高大威严的印象,其中的景观设置应该是崇高并且庄重的,其布局形式往往是对称式的,并且具有一定的内涵。

第二节 城市公共艺术的设计程序

城市化进程对公共空间设计有着更多更高的要求,对于一名合格的公共艺术设计师而言,专业技能是至关重要的,要想具备更丰富的经验,就要不断强化学科通识、信息汇总、创新思维、科学设计多元实践等能力,并且在实践和知识积累的过程中提升自身的综合素养。

公共艺术设计程序分为五个阶段,即设计调研、设计准备、设计创意、设计制作、设计表达(如图 5-5 所示)。设计调研主要是针对设计的相关范围和周边环境进行的,其中包括对人文环境的综合性的认知和感知。设计准备主要指的是明确设计任务和汇总信息。对于设计创意来说,主要是进行沟通调整、目标定位和构思设计。设计制作包括相关成果与其汇报过程,比如,说明、图纸、模型、电子文件等。设计表达是设计成品的文字说明。

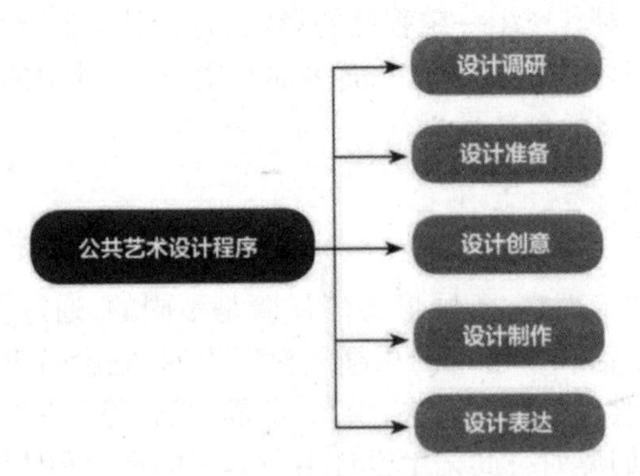

图 5-5 公共艺术设计程序

一、设计调研

在确认接受设计委托后,对于其中的内容和主题,设计师应该在第一时间进行了解,对于甲方在设计上所提出的要求和提供的项目基础资料要进行充分领会,进行实地调查和踏勘,对于项目的准确位置进行了解,同时根据地图或者是已经存在的景观设计中的方案利用手绘或运用影像拍摄的方式进行记录,其中包括地貌、交通、人文、经济等信息(如图 5-6 所示)。可以说,设计前期主要是对相关信息进行搜集与汇总,并且保证调查方法的选取和技术运用的过程是合理科学的。

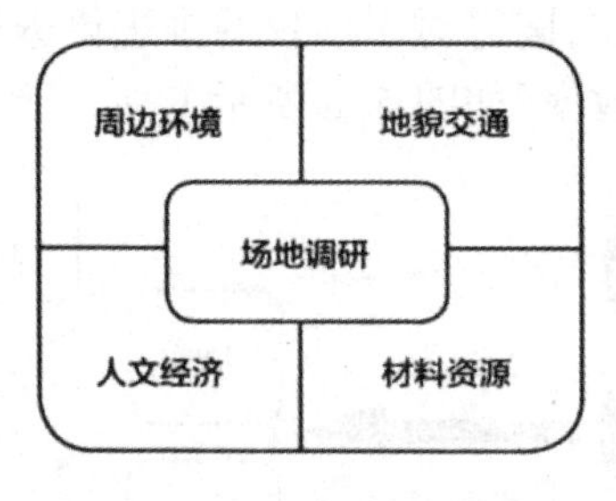

图 5-6 项目所在地资料搜集

基础资料主要包括文字、图形、相关利益者等多个方面。对于文字资料而言,其中的人文景观要素是重点,包括当地的历史和传说、精神诉求、民俗风俗、发展风貌等多方面资料。对于物质景观,所包含的则有面积、地形、气候、植被等关于地理方面的重要信息,以及与自然环境相关的重要资料。图形资料指的是设计的设计图和地形图纸等,包括历史文化、城市风物等,是以图片形式存在的。设计师进行意见搜集时就需要对相关的部门进行走访,对于专家进行访问,同时对相关资料进行获取(如图 5-7 所示)。

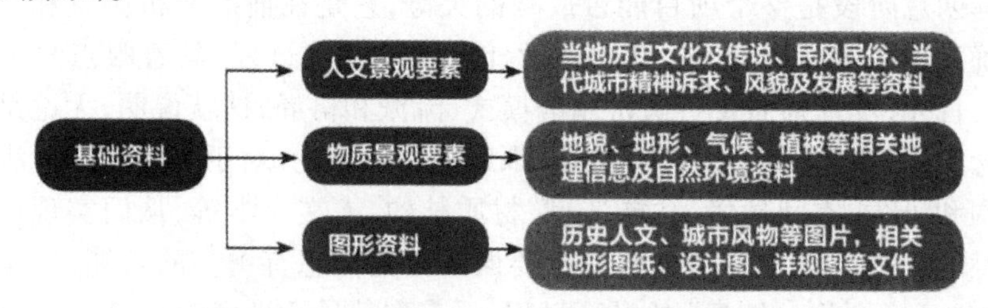

图 5-7 公共艺术设计的基础资料搜集

现场勘探的环节是至关重要的,设计师要提前进行了解场地周围现状和人文环境,并且根据地形实现对设计思路的开拓,其中包括地形环境、交通、设施、绿地、历史风物等。

二、设计准备

这一阶段的主要工作是根据现场搜集信息、甲方提供的相关资料和相关案例进行汇总,设计师要对相关信息进行深入的了解与解读,对于用途、造型、功能要求等问题进行解决,同时提出设计任务,对于整个功能环境和个体功能进行一定程度的分析。对于主题、风格、定位等方面对其大致方向进行明确,同时对设计指标进行确立,保证其在社会上、自然上和历史层面上可以进行理论上的提炼，实现对这一设计灵魂上的概括。设计团队要做好组织工作，同时对于项目的推进要进行时间上的确定，保证其最后的设计质量和效率（如图 5-8 所示）。

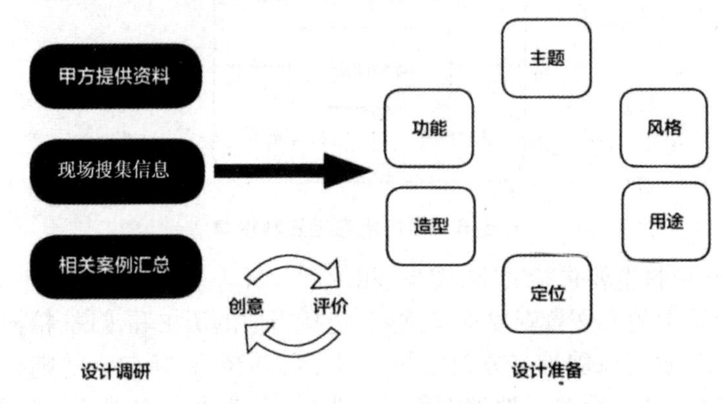

图 5-8　团队分工与项目计划

三、设计创意

创意阶段是整个项目能否成功的关键，它是在前期分析调查和对目标确定的基础上开展的，是一种设计思维的创造过程，其着眼点是多样的。首先，设计师需要打破常用的模式、流派和格局，这就说明，无论是在观念上还是在向度上，其表现形式都应该是创新的，对于多方面进行满足和调和，比如空间环境、功能造型、材质结构、人文人本等，从而实现最佳创意的创造。设计创意主要就是要保证方案构思有更多的可能，这是一个"创意—评价—创意"的循环过程，一直到其最后满意为止。

创意实现的过程，就是一个想法从书面到现实，从平面到立体的过程，设计师要将原本抽象的思维创新在手绘的过程中将其具体化。对于设计师而言，草图是其进行自我对话的重要方式，对方案的推敲和突破有着重要意义。设计师设计草图时，需要进行多阶思维的发散，这样的草图才是有创意的。好的方案，草图是至关重要的。通常来说，好的构思往往来源于对于草图的论证和分析，所以，对于设计师而言，能设计有创意的草图并且对其能力进行表现是至关重要的。在创意方面，除了要对草图进行功能分析之外，还可以进行一定程度的补充，比如，材料、材质、色彩、形态的意象图片，这有助于在进行制作交流的过程中，为委托方提供重要的依据。

在完成对初始创意的设计后，设计师可以邀请甲方的人员，对于这几套草案进行一定的对比与沟通，从而达成共识，最终选择最合适的一套方案去实施。

四、设计制作

设计师要对初始创意方案不断进行修正和对草图不断推敲，这对于设计制作的深入具有重要意义。深化设计主要是指对技术和艺术进行进一步的融合，对于这一阶段，无论是在艺术的视觉冲击还是在其审美形式上都是更加完善的，对于后期在方案汇报和模型的制作上是可以进行参考的。对于技术而言，其需要有着合理的结构、协调的环境和明确的尺寸，这会为正式施工提供重要保障。

深化设计成果应包括以下六个方面（如图 5-9 所示）。

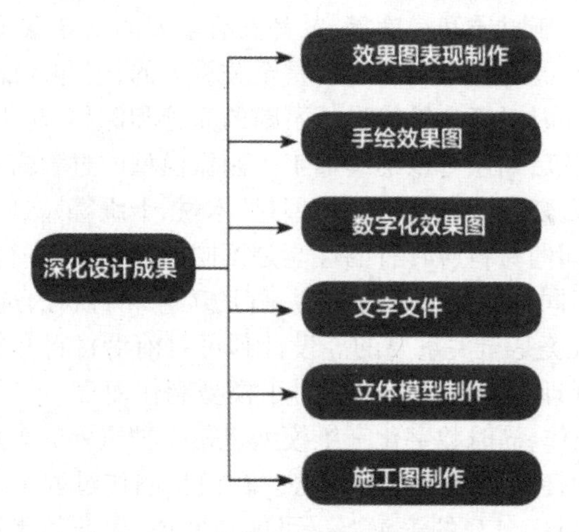

图 5-9　公共艺术设计深化成果

（1）效果图表现制作。对于整体效果要进行表达设计，同时将设计的空间形态、设计主题、材质色彩、环境尺度等进行一定程度的传达。这对于未来的意向实施是具有一定参照性的，同时也为后期的施工提供了重要依据。效果图主要分为计算机数字化制作和手绘两种常用方式。

（2）手绘效果图。利用水彩、水粉、丙烯、彩铅、马克笔等工具，设计师进行手绘或是喷绘将其形成。对于绘制而言，其效果图是更加生动的，同时有着较强的艺术性。设计师需要具备一定程度的绘画技能和基础，并熟悉不同绘画机制的表达。

（3）数字化效果图。对于信息化时代的设计师而言，计算机辅助设计是其常用的一种重要手段，很多绘图软件的应用是相对广泛的，比如，

3DMAX、RHINO、ALLAS、SketchUp 等，相比于手绘，这样的软件对于立体感的表达更加具体，对于图片的完善和修改更加方便。这就需要设计师熟练掌握以上工具，这能大大提升设计效率。

（4）文字文件。设计说明书是指对公共艺术设计利用书面表达的方式进行说明，其中包括封面、目录、调研与分析、功能分析、设计目标、定位构思、方案表现、设计说明、设计制图、材料明细表、成本核表等，是一种常规的样式。对于设计文本而言，其是对设计成果更加全面的总结和表达，对于委托方在决策依据上和项目实施评价上是非常重要的。

（5）立体模型制作。经过草图创意和深化设计后，方案利用效果图对设计的色彩、结构和材质进行反映，但是其真实性是不准确的。对于公共艺术设计而言，其需要进行参数化设计和异型，这是为了保证后期工作的实施，要提前进行模型的制作，对于三维空间所具有的结构关系是更加明确的，同时对于材质和尺度等，其都具有重要的指导意义。在进行模型制作的过程中，原设计材料的运行是至关重要的，这样才能保证其设计方案是真实的，同时对于多维度进行不断的完善和深化，对于艺术上进行不断的探索，保证后期还可以继续加工。制作模型的过程需要多种材料，其中包括油泥、石膏、环氧树脂、金属型材、木材、卡纸等，之所以需要多种材料，是因为不同的材料所具有的性能是不同的，同时在进行加工时其工艺和手段也是不同的。对设计师来说，好的工艺和材料的选择对于作品的经济适用和审美是至关重要的。设计师可对前沿材料和技术进行运用，保证其能达到理想的设计效果。对于模型制作而言，不只要对实物的表现手法进行制作，同时数字化三维模型也是一种重要的表现方式，因为其本身所具有便捷性和准确性等优势。在模型制作过程中，对于加工技术要充分利用，对于自身的美感要尽可能地发挥，保证其比例的准确性，保证其中的节律和空间形态，这样的造型语言才是适合的。

（6）施工图制作。图纸文件和文字文件是设计最终成果的重要主体，要严格遵守我国的法律法规和设计规范，同时要进行施工图纸的严格描绘，这样才能保证满足技术条件与生产的需求。图纸主要包括平面图、立面图、结构图、剖面图、点大样图、详图索引图、定位尺寸图、设计说明、材料及造价表等。

五、设计表达

成果汇报是设计师在提交设计成品后必须经历的最后的环节。对于一个方案而言，除了一个好的设计方案所展示的图例和版式之外，文字说明、模型和相关的陈述都是必不可少的。

（1）展板、模型及文本表达。展板装裱要具有明确的主题，同时在现场展示时保证其是一目了然的。对于模型，要将其材料质感和空间形态进行展示。相关的文本要进行装订，保证其内容是真实的，适当搭配一定的图文，保证其充分性，这对于设计成果的汇报是至关重要的。

（2）多媒体数字表达。通过图像和声音的方式，多媒体文件对其进行直接播放，同时进行演绎，保证其是震撼并且直观的，能营造出一种身临其境的感觉。多媒体文件演示时间一般是 10 ~ 20 分钟，要突出设计特征和重点。

（3）口头表达。公共艺术设计对设计师本身具有的经验、知识和口才，也有着一定的要求。在进行成果汇报时，设计师需要详细说明设计过程等，其中的语言表述应该是准确的，也是易于理解的，对于其中的内容应该是有着明显的主次之分的，同时应该也是精练的。在进行语言表达时，要对全场的注意力进行控制，保证对核心价值和相关主题进行有效的传输。对于委托方所提出的建议，设计师要虚心接受，并且及时完善。对于原本更感性的艺术进行更加理性的表达，并增加新的设计亮点。

第三节　城市公共艺术的设计原理

一、艺术设计构思

首先，环境艺术的表现形式应该是最感人的、最形象的，也是最容易被接受的，对于公共环境艺术设计而言，其构思就至关重要，要对其中的风格和内涵进行充分表达，保证其构思是切题且新颖的。构思的过程和方法有以下几种。

（一）创意想象

想象是至关重要的，其基点是构思，而想象的中心为设计师对造型的知觉，其所产生的形象往往是有意味的。灵感其实就是想象和知识的结晶与积累，它是创作的重要源泉。

（二）少即多

构思过程一般都是“叠加容易舍弃难”的。设计师在进行构思时，往往会想很多,甚至胡乱堆砌,轻易不肯放弃细节。张光宇先生曾经说过"多做减法,少做加法"。建筑设计家凡德罗也曾经提出过"少即多"的原则,这些原则的提出都来自经验。这就说明,对于一些不重要的细节和形象,是需要适当放弃的。

(三)象征

艺术表象通常使用的手法就是象征性手法,这对于抽象意境和概念的表达是更加具象的,对于具体事物的表达,可以使用更加抽象的形象,让人们更容易接受。

(四)探索创新

设计师创作过程中尽量不使用比较流行的形式、俗套的语言和常用的方式。对于创新构思而言,习惯上的技巧、熟悉的构思和比较常见的构图都是敌人。设计师进行构思时,需要采用新颖的想法。

二、布局设计

设计技巧和设计方法的核心在于布局,在环境条件和创意俱佳的情况下,设计布局是没有章法的、凌乱的,这就导致其设计作品是不适合的。布局的内容很广泛,无论是总体规划还是布局建筑,其都会相应涉及。在进行庭院设计时,视觉上,要保证具有一定的内聚性,这并不是指要一味突出主体建筑物,而是要对建筑物和山水花草进行一定程度的匹配,以此来实现对整个空间环境的主次调配。除了花草树木是配景,植被也是配景,根据种植,将其进行分割,保证其是点线结合,同时有主有次的。其中有一点比较重要,构图主要考虑的是主体建筑物。

重心,主要指的是对于各个部分在重力的合力上受到作用的点。对于环境艺术设计而言,设计单位本身的重心位置与视觉的安定性息息相关。人类本身视觉的安定性与作品在构图上的美的形式是相对复杂的。在视线上,人首先接触到画面,紧接着,其从左上角向着左下角进行转移,在到达中心后,其又来到右上角和右下角的位置,最后停留在整个画面的中心,这个中心点一般来说就是视觉重心。整个设计区域在轮廓上是不断发生变化的,同时,对于设计单元本身设计的不同和色彩分布的均衡性的不同,重心都可能是不同的。所以,对于设计作品而言,其重心是进行构图设计的重要方面,作品主要就是要将主题和不重要的信息在离重心不远的地方进行安置。小区规划的重心就是房屋建筑,同时,对于周边环境的配置和绿化设施要进行一定程度的搭配,这样才能保证整个方案是适合的,其作品才算是优秀的。

上述形式的法则是相互依赖的,也是重叠交叉的,设计者在进行设计的过程中,要根据条件的不同进行不同的处理。在科技文化飞速发展和设计理念不断进步的今天,我们对于美在形式法则上的认识也是不断发展和深化的。美本身不应该是教条的或是僵硬的,而应该是相对灵活的,环境艺术和美本身应该是具有一定统一性的,这对于设计服务的开展具有重要意义。

三、形式法中的“对称”

最单纯、典型和直观的对称,就是在一个轴线两侧其图形是等量并且等形的,其存在是相互对应的。在自然界中,很多动物和植物都具有对称性的外观。人体本身也是对称的。其对称也可以分为多种基本形式,比如完全对称、近似对称和回转对称等,对于这些基本形式可以进行一定程度的延伸,比如辐射对称,花瓣就是辐射对称的重要代表。

故宫是我国对称设计的重要代表,从设计上,我们可以发现其对称性,从而保证其美感是有秩序的,是自然的(如图 5-10 所示)。

图 5-10　故宫的对称之美[①]

四、形式法中的“均衡”

均衡指的是布局上出现的不等形式上的平衡。均衡与对称是相互联系的。对称能在一定程度上产生均衡,同时,在均衡中,对称又包括在其

① 图片来自摄图网。

中。并且,有一种美正是在将原本的平衡打破,或是在将对称布局打破的过程中产生。

对于环境设计而言,其对称布局需要保持规整和严谨的特点,同时,其在视觉上还是自然、安定、均匀、协调、整齐、典雅、庄重、完美的,是符合人们的视觉习惯的。对称可以让人们产生一种轻松的心理反应,观者的神经状态是保持平衡的。对于环境设计而言,在利用一些对称法则时,要尽可能减少为了对称而导致的单调性和呆板性,比如,在整体的格局上进行一些不对称因素的添加,这往往会让其整体更加具有美感,同时更加生动。

随着时代的发展,在环境艺术设计中,严格的对称使用得越来越少,即“艺术一旦脱离开原始期,严格的对称便逐渐消失”“演变到后来,这种严格的对称,便逐渐被另一种现象均衡所替代”。在进行总体设计时要想使用对称的形式,就要实现对点对称或者是轴对称进行一定程度上的空间组合。

五、艺术设计比例应用

对于部分和全体在数量关系的把握上,比例是至关重要的。比起对称,比例是在比率概念上更加详细的表达。在长期的生活和生产实践中,比例关系一直存在着,其中心为人体本身的尺度。比例指的是将设计中所具有的单位的大小与相关的单位之间进行一定的组合和编排,从而实现其设计。

对于房屋的建筑而言,其尺寸需要根据门、窗、栏杆、踏步等进行设定,对于其整体上的关系进行一定程度的设计,如果其与人们的尺度和人们的习惯是相符合的,就能为人们带来一定的亲切感。对于景观设计而言,除了建筑物本身,山石、花草树木、池塘雕塑等的设计也是至关重要的,其设置并不是简单的堆砌。所以,在设计的过程中,这些景色本身与建筑物主体是否协调,是否适合,有没有喧宾夺主是最为重要的,这就决定了人们对其存在的接受程度。对于主体建筑物的烘托,我们可以利用女贞植物来实现,利用其形状和尺寸都是各不相同的特点。同时对于女贞植物的衬托,我们还可以使用棕榈进行,棕榈有着细长不单调的特点。在进行雕塑、桥和亭子的设计时,其比例也是相当重要的。对于亭子而言,如果其本身太小,就会显得拘谨,人们往往会将其忽略;如果亭子设计得太大,就会让人们觉得它很笨重,显得比较碍眼,产生的效果就是相反的。其他因素也是一样,只有把握好比例和尺寸,人们才会感觉到舒适,这有助于将环境的气氛进行调动，同时对设计效果的增加具有重要意义。

六、艺术设计尺度设计

尺度指的是将空间内的多个组成部分和一些自然尺度的物体进行一定程度的比较，这是设计时不可忽视的。对于建筑尺度而言，功能、审美和环境特点是对其进行决定的重要依据。正确的尺度与审美、功能应该是具有一致性的，同时保证其与环境是相互协调的。这一空间所提供的功能主要是保证人们进行游乐和休憩，也能保证一定的观赏性，对于空间环境和景观而言，其应该是具有一定情趣，并且活泼的，这样的艺术氛围会让人觉得回味无穷。

均衡是动态的，形式上是定量的，是一种不断变化的美。对于设计要素而言，其大小、形状、重心、色彩、明暗都是不同的，艺术设计就是要对设计对象的客观条件进行充分利用，根据设计元素本身来调整大小、轻重、色彩，以此实现对其空间上的组合进行视觉上的平衡。

七、艺术设计的色彩运用

在进行公共环境的艺术设计过程中，色彩和光等元素会被大量运用。在人们的生产劳动、社会生活和日常生活中，色彩是极为重要的，同时其作用也是明显的。在现代的研究中，我们发现，一个正常人从外界所接受的信息通过视觉器官的输入达到总体的90%以上，很多视觉形象都来自外界，通过明暗关系和色彩，物体本身具有的形状、空间、位置等进行展现和反映。对于视觉而言，其第一印象往往来源于色彩。

红色给人热情和充满活力的感觉，在中国，红色就是吉祥的代表。

橘色的存在仅次于红色，同时其具有一定的特征，即让人脉搏增加，同时实现温度的提升，这是由长波导致的。这一色彩往往让人想起秋天和果实，所以这一颜色也代表着幸福和富足。

在橙色中添加一定的白色或是黑色，它就会变为一种暖色，这种颜色是明快的。但若在其中混入的黑色过多，就变为一种烧焦的颜色；如果加入的白色过多，则给人一种甜腻的感觉。

黄色是有着最高亮度的颜色，在高明度下，其纯度是很强的。黄色本身是辉煌和灿烂的，其光辉像太阳一样，这就说明其代表的是智慧之光，能将黑暗驱散。

鲜艳的绿色本身是优雅美丽的，其中利用现代科学技术所创造的绿色则更加特别。绿色不仅漂亮,也具有包容性,其中无论是加入了一定的黄色还是加入了蓝色,都是美丽的。黄绿色主要是年轻和单纯的代名词,而蓝绿色往往给人豁达和清秀的感觉。

蓝色是博大的,无论是天空还是大海,其色彩都是蓝色的,同时,不管是淡蓝色还是深蓝色,都让我们想到大气或者是无限的宇宙,这就说明,蓝色所代表的是永恒。

紫色在可见光中拥有最短的波长。一般情况下,我们觉得紫色很常见,这往往是因为在红色中加一定的蓝色或者是在蓝色中加入一定的红色,其所呈现的颜色都是紫色。

对于黑色、白色和灰色这样的无彩色,在心理上,其与彩色的价值是同样的。黑色和白色所实现的就是色彩最后的抽象,也是色彩世界中的阳极和阴极。太极图案就是利用黑色和白色的循环来实现对宇宙运动的永恒性。黑色和白色有着抽象的表现力,也是具有一定神秘感的,能超越任何其他色彩。

八、光影设计运用

随着四季的轮回转化,光影也在不断发生变化。在光源发生变化的同时,其体积和形象也在不断变化着。光线照射的缺乏往往导致其形象不够明显,这就使得很多背光的小景在其空间感和体量上也不够好。对于不同风格的造型,其术语包括"挂光""吸光"和"藏光"等。

音乐喷泉,我们也可以称其为动雕,根据音乐在节奏、音量和音色上的不同,喷泉会在造型上发生改变,对音乐的主题和内涵进行反映。变幻的音乐旋律,配上一定的照明,构成了一幅幅色彩明丽的图画,让人们感受到其艺术性。

设计师要对有利条件进行充分的利用,积极发挥创造性思维,对于其生活物资的功能和生产要素是符合的,同时人们在心理和生理上对室内环境的要求也是符合的。对于人和环境而言,光影是会产生一定沉浸感的。

对于房子而言,如果它能让居住者感到舒适,其设计的过程往往对室外风景与室内空间的互动,客厅与餐厅的互动,人与空间的互动,空间与光影、空气、色彩的互动等进行考虑,这样的设计才是动人的。

九、功能表面的统一与变化

平面形状上的统一指的是一种最简单和最主要的统一。无论是哪种几何形的平面,都是具有一定统一感的。像正方形和三角形这样的单体本来就是统一的整体,对于这个平面而言是重要的景观元素,同时,对于植物、装置、设施和构筑物而言,在平面统一上,其就被牢牢地控制住了。埃及金字塔陵墓之所以是威严的,主要是因为其中的设计包含很多几何原理。同样,之所以能对古罗马万神庙室进行一定的设计处理,这是因为,其刚好能嵌入一个圆球。

对于空间的组织功能的合理利用能实现其在多个方面的统一。在进行设施的设计的时候,要将具有相同活动内容的设计进行集中,比如,在儿童活动区中,商业活动不应该存在,而在城市广场,大量的游乐设施不应该存在。对于功能而言,其主要是对这些方面的统一,也要保证其在环境景观与使用功能上的统一。

十、风格的统一与变化

变化主要指的是特色上的变化和风格上的变化。公共环境艺术的总体风格应该是统一的,丰富的,有秩序的。

对于不同的景观元素和相关设施,很难将其在环境中进行组织,同时进行一定程度的协调。对于环境而言,采用统一几何形状实现景观元素和设施上的协调也是很难达成的,虽然情况是确定的,但是我们还是要不断地进行加强。除了之前出现过的方法之外,还有两种方法可以纳入考虑。

一种就是要从次要部位和主要部位从属关系入手,实现对从属关系上的统一。另一种就是要对景观中的不同元素进行调整,保证其细部和形状是具有一致性的,实现环境在整体上的构筑是统一的。统一手法的实现是需要利用形状进行调整的。如果一个环境多处采用某一种几何符号,比如有圆形在地面、装置、设施中出现,这给人们带来的感受是一致的,其中的协调关系是完美的。

第四节　城市公共艺术的设计路径

一、场所调研与分析

不论是单项的公共雕塑、景观装置、公共设施还是整体的公共艺术规划与策划,在进行一项公共艺术设计时,前期对场所自然与人文环境的调研与分析是不可忽视的重要环节，也是公共艺术作品取得成就的重要保证，具有拓展设计创作构思、提供科学决策依据、体现公共观念、构建城市文化精神等主要功能与意义。

（一）基础资料的搜集与整理

公共艺术设计过程中需要运用到的基础资料一般包括项目背景资料、场地图纸资料和场地区域自然、人文和社会信息三个部分。

项目背景资料是指项目的概况，包括设计目的与原则、设计任务、预算经费、评选方式、时间计划等内容，一般以招标文件设计任务书、竞赛通知的方式由项目委托方提供，并作为公共艺术设计与创作的指导性文件。如委托方未能提供上述资料，则需要设计师或艺术家通过与委托方沟通以获取以上信息并归纳总结。场地图纸资料包括场地区位图、地形图、现状图、总体规划图、景观规划图等图形设计文件。在实地勘察调研之前可以通过查看图纸等手段去了解设计场地与区域的地形地貌、建筑布局等基本空间形态，获得基本的空间认知。场地图纸资料一般由委托方提供，也可以通过政府相关职能机构获取。比如，城市中某一个区域的地形图和现状图可以通过城市规划建设管理机构信息公开的方式获得。

场地区域的自然、人文和社会信息是公共艺术设计创作的重要资源。在场地调研与分析阶段，应通过网络搜寻、文献查询、实地勘察等方法深入了解这几个方面的信息。在自然环境方面，应了解场地区域的温度、湿度、日照等特殊气候条件，以及地形地貌、特色植被、生物多样性等情况；在人文社会方面，则须深入了解场地区域的城市发展、社会状况、经济条件、人口情况、工商业特征、民风民俗、历史事件、特色技术与手工艺等信息。

通过基础资料的搜集与整理，我们会对项目及所处场地区域形成初步的、概括性的认知，为下一步的实地勘察与调研分析建立良好的工作基础。

（二）观察与记录

观察与记录是通过项目实地勘察进一步获得目标整体性认知的重要手段。观察与记录一般采用社会学研究中的文献调查、田野调查、问卷调查、访谈调查、认知地图、行为日志、直接观察等方法。根据项目规模的大小、难易与复杂程度的不同，观察与记录过程中可采用不同的方法。

对于大部分公共艺术项目，直接观察法是比较普遍被采用的方式。

直接观察法是一种调查者有目的、有计划地运用自己的眼睛、耳朵等感知器官，直接考察研究对象，积极能动地了解自然状态下的观察对象，是一种有效的调查方法。调查者采取直接观察法时，会对场地区域进行反复现场勘查，并在调查过程中把相关认知和感受记录下来，包括场地结构、空间形态、视觉特征、景观序列、行为心理、社会因素等方面的内容，以及空间实体要素、人的行为心理、时间与空间变量等核心内容，并在观察与记录的过程中积极地去发现场地区域在物理性、社会性、人文性方面存在的问题，积极探索采用公共艺术方式解决问题的可能性。

对于较复杂的公共艺术项目，则需要采用文献调查、田野调查、问卷调查、访谈调查等综合方法进行观察、记录和研究，由于与文化研究中的调查方法基本类似，除了调查侧重点的不同以外，可以使用下面“文化研究”中的基本方法，本处不做重复阐述。

（三）分析与评价

事先搜集的基础资料和场地观察与记录所获得的大量复杂而零散的信息应如何分析与解读？这是一个不可忽略的问题。

根据公共艺术设计与创作的需要，我们可以把搜集的基础资料和场地观察与记录所获得的大量复杂而零散的信息概括为场地空间的实体环境要素、文化要素、使用者行为活动、使用者知觉认知四个部分，并进行实体环境要素分析、文化分析、行为活动分析和知觉认知分析，从而得出科学理性的分析结论，为公共艺术设计与创作提供决策依据与创作资源。

实体环境要素可以分为三类，即基面、边界与围合、植物与家具。对基面的分析包括场地的规模、形态、比例、轴线关、地形、视角、交通、铺装等；边界与围合分析则包括尺度、形态、表皮、肌理、开口、功能等；植物与家具则是人们行为活动的重要支撑，包括绿化、座椅、艺术品、灯具、亭廊等。我们可以把实体环境要素分析统称为空间形态分析，通过实体要素的分析与评价，我们可以获得场地空间真实准确的空间结构、空间意象、形态特征，也可以形成对于公共艺术设计的形式、尺度、色彩肌理、位置等要素的限制性条件，使公共艺术作品能与环境空间有机协调。

行为特征分析可借鉴扬·盖尔[①]对于城市公共间行为活动的分类与分析方法。在《交往与空间》一书中，扬·盖尔把城市公共空间中人的

① 扬·盖尔（Jan Gehl），1936年生，建筑师、丹麦皇家艺术学院的建筑学院城市设计系高级讲师（现已退休）。盖尔建筑师事务行——城市品质顾问咨询公司的奠基人。

活动分为必要性活动、自发性活动和社会性活动。必要性活动指的是多少有些不自由的活动，例如上学上班、购物、候车等，参与者别无选择，行为的发生与物质环境的好坏没有直接关系；自发性活动指的是在场地允许，天气环境适宜的前提下，自然、即兴发生的活动，这一类活动对于物质环境的要求较高，空间的质量较好、有吸引力、安全，则即兴活动的发生频率才会高，如散步、游憩、运动、会友等；社会性活动是依赖于公共空间中其他人存在的活动，如集会、公共活动等。

通过行为活动分析，我们会发现场所存在的使用问题可以引导公共艺术设计与创作以各种不一样的方式、样式、姿态介入空间。提升环境品质，能促进自发性活动的发生。

知觉是我们感觉的总体，包括视觉、触觉、听觉、味觉所对应的人体的眼、耳、鼻、舌、身体等人体感官系统。而认知则是通过人体知觉系统对环境中的信息进行接收、识别、加工和提炼，从而形成的感觉、记忆、印象、意象、思维和言语。与实体环境分析和行为活动分析相比较，知觉认知是人的主观感受，不能被直接观察，需要通过问卷调查、访谈、认知地图等科学的调查方式和理性的分析获得结论，从而确定需求重点指导公共艺术设计与创作知觉。认知分析主要包括使用者满意度分析、需求分析和空间意象分析等。

文化要素分析则包括文化心理、生活态度、地域风俗、政治倾向等隐性特征的分析与研究。文化研究对公共艺术设计具有重要的作用与意义，针对文化研究的方法放在下面重点阐述。

二、文化研究

（一）文化研究的定义

在将文化研究纳入公共艺术设计和创作过程中之前，我们首先需要了解什么是文化研究。从20世纪80年代开始，“文化研究”这一术语就频频出现在国内各种杂志、著作中，成为人文学家们的新宠；但关于“文化研究”的定义却言人人殊，难有定论。一般来说，广义的文化研究指的是“对文化的研究”，由于它将整个“文化”作为研究对象，从历史纵轴上看，它可以回溯整个人类发展史，而从横轴上看，它则延伸向社会生活的方方面面，其外延和内涵尤为庞杂。狭义的文化研究则具体指向了一门新型学科，起初是20世纪60年代理查德·霍加特（Richard Hoggart）在英国伯明翰高校[①]（University of Birmingham）创立当代文化研究中心（The Centre for Contemporary Cultural Studies），主要研究文化形态、文化实践和文化机构及其与社会和社会变迁的关系，是与文学、社会学、历史学、人类学的研究方法有着密切联系的跨领域新型学科。

但是，“对文化的研究”无论是在广义上还是在狭义上，其主要都是为了实现对人们看世界提供更多的方法，对于本门更加拘谨严苛的科学打通边界，对原本的精英主义进行概念上的扩大，对我们的日常生活有所涉及。

（二）文化研究的基本方法

作为一种研究方法、立场和路径，文化研究能在人文社会学科汇总的多个领域进行渗透，其中也包括艺术领域。对艺术创作进行文化研究的工作是比较常见的，其案例也有很多。比如，在进行“南京长江大桥”的设计时，艺术家邱志杰就对长江大桥进行《中国公众家庭审美调查》，这一工作是中央美院吕胜中教师带领学生一起完成的，对于艺术和社会生活所具有的关系而言，社会调查是可以对其进行审视的。之所以艺术家能进行调查，这是因为其本身的实践性很强，同时对于哲学、社会学、人类学、语言学等在方法和理论上进行借鉴，对于社会的文化现象进行一定程度的反思，从而得到一定的回应，这对艺术家后续的创作工作而言，是重要的资源。

同样，作为一种文化生产活动，公共艺术从产生到实践再到后续的评价，都在一定程度上影响着社会意识形态。在进行公共艺术创作的过程中，利用艺术的形式去展开对新式语言的思考是很难的。所以，我们要进行一个全景描述的准备作为创作的铺垫，保证将多种元素加入其中进行考虑，其中包括文化心理、生活态度、审美惯性、地域风俗、政治倾向等，这样就说明，对于文化的研究要在公共艺术的创作中进行展现。一般来说，在公共艺术设计的流程中，我们常常会使用到文化研究的方法，包括文献研究、田野观察、问卷调查、实验调查等。

---

① 伯明翰高校（University of Birmingham），简称“伯大”，始建于1825年，位于英国第二大城市伯明翰，是世界一流的研究型高校。伯大是英国顶尖学府，也是英国第一所红砖高校，曾于1900年获英国维多利亚女王授予的皇家特许状，也是罗素高校集团、米德兰兹创新联盟、全球高校高研院联盟核心成员，Universitas 21 创始成员。

1. 文献研究

对于文化研究来说，文献研究是最为基础的方法，需要我们尽可能多地通过现有的文字资料来了解研究对象。前期的准备工作做得好，在实际调查中常常能获得事半功倍的效果。文献的来源非常广泛，可以是官方的、公共的、个人的、网络的、书面的，等等。文献研究的内容主要包括与研究对象有关的历史地理、文学艺术、节日风俗、生活方式、价值观念等，根据课题不同侧重点也稍有不同。比如，针对西安的文献研究，重点可以集中于历史传统文化资料的整理，而对深圳的文献研究可以侧重了解深圳极速变化的现代生活方式。通过文献研究，可对研究对象产生大致的了解，为下一步的田野观察提供依据。在文献研究阶段，相关人员要注意对地方性的故事传说、诗歌、图片、影像等资料的搜集，这是非常重要的，这些资料很可能会成为开启设计思路的起点和依据。这也是设计流程中的文献研究与人文社科类不同的地方，设计流程中对文献的翻阅、整理和分类，都是为了最终完成视觉转化。因此，在整个过程中，理性地搜集和主观地选择分类同样重要。

2. 田野观察

观察是我们获得研究对象相关资料的最直接的途径。马林诺夫斯基所奠定的科学的人类学田野调查方法，要求调查者与被调查对象共同生活一段时间，从而观察、了解和认识他们的族群关系与文化观念，但以公共艺术设计为目标的田野观察往往无法做到这一点，为了在短时间内充分地确立起所关注主题的现实感，在进入研究现场之前，拟订观察计划和提纲非常重要。一般来说，观察计划需要包括观察题、对象、范围、时间等。在观察过程中，调查者一方面要以实地笔记的方式记录看到和听到的事实性内容，另一方面也要通过个人笔记的形式记录个人在实地观察时的感受和想法。为了方便视觉转化，观察笔记通常应该采用图文结合的方式。

3. 问卷调查

其实，问卷调查的方式对于设计学科来说并不陌生，它常常被用来研究用户行为、普查用户心理、调查满意程度。在公共艺术设计的过程中，也可以采用问卷调查的方式来了解所处地方民众的生活习惯和审美心理。对设计师来说，想要获得更多的信息，就要注重问卷的设计。它在很大程度上决定着问卷调查的回复率、有效率、回答的质量，以至整个调查的成败。因此，问题的设计必须紧扣研究主题，并且符合被调查者回答问题的能力和意愿。

在进行问卷的设计时,需要注意以下几点:第一,所提问题在语言的描述上应该是简洁的,也是容易理解的,对于复杂和抽象的专业术语要减少使用;第二,问题的陈述过程应该是相对简短且清晰的,保证回答者理解问题的含义;第三,问题应是明确的,不能是有二义性的,同时不能是带有倾向性的提问或是进行否定的提问;第四,对于回答者不知道的问题不要进行提问,同时对于一些敏感问题也不要提问。在询问过程中也要根据被调查者的回答情况适当调整说话提问的方式,以制造愉快的访谈气氛。除了遵循问卷调查的基本原则,作为设计师也可以将自己的设计意图或初步的设计思想融入问卷,这样有助于检测自己的设计意图被接受程度和偏离程度。

4. 实验调查

实验调查是针对特定对象,通过参与、激发、改变实验对象所处的社会环境,观察实验对象的反应模式,最后得到判断的调查方法。

对于社会学研究来说,实验调查时,对实验环境的选择难以具有充分的代表性,会给调查结果的科学评价带来一定困难。但是对艺术设计专业来说,实验调查法的偶发性、实践性、个体针对都可能成为优点。它和公共艺术的参与性有很密切的血缘关系。我们可以将社会调查过程中产生出来的创作设想使用当地材料就地实施,或者把创作就地展示,以此获得意见反馈。这一做法可以进一步深化我们对调查对象的理解,直接建立起我们和调查对象的紧密互动,同时也可检测自己认识的有效程度,对自己的调查活动的建设性、可行性进行进一步的评估。

三、公共艺术设计策划

每一个公共艺术项目或作品能够顺利实施必将涉及委托方、设计师、公众等多方参与者,需要处理有形和无形的空间、场域、环境的关系,还需要组织和筛选艺术家或艺术作品,以及激发艺术家的创作力。

这三个方面的协调处理在公共艺术设计实施阶段仅依靠艺术家或设计师与参与各方的自发努力和个体实践是无法达到最终的创作目的的。因此,需要委托公共艺术策划人或机构(小组)来完成公共艺术设计策划任务,以确保公共艺术项目或作品达到预期的目的与要求。

公共艺术设计策划是在设计前期围绕"做什么"、"为什么"和"如何去做"三个问题所形成的策略性思考。设计策划根据场地调研与分析结果,设定目标、转译需求、拟定策略并形成设计依据,以确保后续的具体设计过程与结果得以优化与完善。

设计策划具有“策划”与“计划”两个层级。策划注重设计任务的发起与界定、对策和主题概念提炼等宏观层面的思考。计划则强调设计任务的具体落实和实施路径的选择，以及为设计师提供必要的原则、规范、条件与参照。“策划”和“计划”在具体设计策划中需要根据公共艺术项目类型、规模、难易的差异而形成侧重。

（一）策划目标与设计原则

任何一个公共艺术项目的设计都必须有清晰明确的目标与原则，这也是公共艺术项目成功的必然条件。但公共艺术项目一般会涉及出资方、委托方、管理方、设计师、艺术家、使用者、公众等多方参与者，并且参与各方都有着各自的目标诉求与要求，有时甚至是完全相悖的，这就要求设计师或艺术家对公共艺术参与各方的目标诉求进行分析总结，根据项目调研结论和艺术规律提出专业性的策划目标与设计原则，作为参与各方交流、讨论、决策、博弈的基础性文件，最终形成公共艺术设计与创作的指导性依据。

（二）主题概念

主题概念是公共艺术设计的源泉和灵魂，是根据对公共艺术项目的场域特征、文化脉络、社会状况、公众审美与心理等内涵的探究、总结和提炼而形成的概括性、抽象性表述，它指导和限定了公共艺术设计的表达内容和价值取向，具有提纲挈领的作用与意义，是公共艺术策划、设计与创作过程中最为重要的环节。

一个优秀的主题概念的提出是公共艺术策划设计与创作成功与否的关键，这就要求设计策划人员不但应在项目自身范畴内进行信息分析、归纳和总结，还需要把它放置在更大的时空关系中寻找、发现和提炼主题概念的可能。

中国 2010 年上海世博会提出的“城市，让生活更美好”这一主题，就是在全球城市化的背景下对城市在空间、秩序、精神、文化等方面的探索与反思，并形成城市多元文化的融合、城市经济的繁荣、城市科技的创新、城市社区的重塑、城市与乡村的互动 5 个副主题，通过世博会遴选、场地规划、场馆设计、景观设计、公共艺术设计来传递“和谐城市”的主题理念与思想。

（三）设计定位与要求

设计定位是公共艺术设计与创作总的方向与原则，也是公共艺术设计策划的重要内容。设计定位不是凭空想象而形成的，它是根据场地调研分析与文化研究所获得的对于公共艺术项目的整体性认知与评价，通过综合分析研究对设计与创作的目标、主题、风格、形式等所形成的准确的定义域描述。

（四）空间规划

在面对一个较大空间尺度区域，比如，城市、街区、校园、产业园区等公共艺术规划或设计项目时，我们必须详细研究地形、建筑、道路、水体、绿地等空间结构关系，并根据空间结构属性来进行公共艺术空间规划，明确公共艺术的空间分区，明确轴线、主次、重点、节奏、尺度、主题、具体作品位置，以及公共艺术作品与建筑、道路等空间要素的关系。

（五）互动与传播

优秀的公共艺术项目或作品，不仅需要审美价值的表达与呈现，还要通过互动与传播的方法、途径体现作品的公共性价值和社会意义。在公共艺术设计策划中，需要根据项目的目标与定位，设立作品遴选过程中的公众互动与对话方式，作品实施过程中形成的公共话题，以及作品共性价值的信息传播路径，使公共艺术项目在策划阶段就纳入公共性考量和价值判断。

四、设计构思与表达

设计构思需要设计师以观察和分析已知的图片、文字和现象为基础，主动地进行创造性思维加工，并提出最合适的方案。因此，设计构思的过程不能只是咬笔杆等灵感，我们可以借助一系列思维拓展的方法，不断分析，反复拷问，这能够大大提高获得创意的效率。

设计学科里激发创意思维的方法有很多，这里主要列举几种常用的方法。

（一）联想法

联想是人脑的基本能力，人们常常能够借助想象，把形状相似、颜色相近、功能相关或在其他某一点上有相通之处的事物联系在一起。比如，人们很容易将时间和水流联系在一起，感叹逝者如斯，也会将好的人生与华美的织物联系起来，谓之前程似锦。利用人的联想能力，并使用一系列的方法强化它，就是我们所说的联想法。联想法常常需要围绕一个关键词开始发散思维。

（二）逆向思维法

逆向思维也叫求异思维，它是对司空见惯的、已成定论的事物或观点反过来思考的一种思维方式，它要求设计师敢于“反其道而行之”，让思维向对立面的方向发展，从问题的相反面深入地进行探索，将原有逻辑彻底颠倒，或者用部分颠倒的逻辑替换正常的逻辑。常用的手法主要有以下几种。

（1）形态的反向：内与外、大与小、轻与重、硬与软、透明与不透明、光滑与粗糙、快与慢。

（2）功能的反向：有用与无用、条件的增减、技术的置换。

（3）顺序的反向：蒙太奇[①]。

这种直接将原有逻辑颠倒置换的方式在艺术创作中可以看到大量的案例，比如，奥登伯格那些放大的日常生活用品和瑞秋·特里德（Rachel Whiteread）那些从生活空间翻制出来的负形雕塑。

除了直接站在原有逻辑的对立面的做法，缺点列举法也是运用逆向思维的另一种操作方式。

（4）一般路径：根据公共艺术专业的特点，改进的方案一般可以从视觉属性、环境、功能、使用者等多方面进行思考。

（三）系统分析法

系统分析法源于20世纪40年代以后迅速发展起来的一个横跨各个学科的新学科系统科学，主要是指把要解决的问题作为一个系统，对系统要素进行综合分析，最终找出解决问题的可行方案的思考方法。如何将这种科学理性的工作方法使用在艺术设计中呢？这就要求我们在面对一个课题的时候先建立起一个系统性的认知方式，尽可能列出这个课题中

① 蒙太奇（法语：Montage）是音译的外来语，原为建筑学术语，意为构成、装配，电影发明后，又在法语中引申为“剪辑”。20世纪30年代初，中国电影人从英文电影理论中认识到了蒙太奇理论，最初曾根据法语旧意尝试将其翻译为“织接”等意，后发现“旧词被赋予了新意”，便保留英语音译，成了一个新名词。

所有的相关信息资源。

比如，我们可以用的物质材料有哪些？这些物质材料有哪些类型？它们之间的组合方式有哪些？制造出来的效果是什么样的？在建立信息资料库的时候，我们搜集的资料越完善，越有助于我们从体系中开发出新的可能性。比如，在公共艺术设计中，我们常常会被要求设计一些互动装置，这时我们就可以用系统分析的方法来剖析这一主题。首先，分析互动的方式有哪些，包括红外感应、按钮开关、脉搏感应、声音感应、温度感应，等等。然后，分析装置的类型有哪些，包括灯光装置、声音装置、机械运动装置、互联网装置与空间结合的装置，等等。

有了细化的资料库，我们就可以将“互动方”和“装置类型”进行随机组合来获得新的可能。比如，通过脉搏感应的机械装置是否可行？或者温度控制的灯光装置呢？

在广告创意中常常使用到的“头脑风暴法”可以说是系统分析法的一种变体。“头脑风暴法”需要多人参与，用集体的力量来丰富和扩大系统资料库的涵盖面，从而提高获得创意的效率。

五、材料语言

公共艺术设计在创作构思、深化设计与操作实施的各个阶段都涉及材料的选择与使用。材料对于设计师而言，如同语言之于文学家，设计师需要通过材料来呈现构思，为观众制造艺术效果。因此，关于要采用什么样的材料，如何使用这些材料等问题，难免需要仔细推敲。

（一）不断拓展的材料

早期公共场所中的艺术作品，如纪念碑、雕塑、建筑装饰等，通常选用石头、木材、金属、玻璃、陶瓷等传统材料。首先，因为它们普遍存在于人们的日常生活中，价格也不太昂贵，比较容易获得，适合做大体量的东西。金、银等贵金属就很少被用来制作公共艺术作品。其次，它们可塑性强，通常在强度、延展性、耐腐蚀性等方面的指标宽容度比较大，在造型等方面进行加工时技术难度不大。像使用金属铸造、石雕、木雕等技术来完成艺术造型已经有了相当长时间的探索和积累，都已趋于成熟，然而20世纪现实主义的材料拓展史，把艺术品所使用的材料的范围拓宽到了整个世界。杜尚使用“现成品”作为材料“激浪派”（Fluxus），即将人们既有的观念作为材料，大量艺术家将山川河流甚至风雪雷电都作为材料。

艺术史中材料的定义发生了翻天覆地的变化，这无疑也影响了公共艺术。很多社区艺术计划中，邀请社区居民参与创作的方式其实也是将人们的观念和审美当作了创作“材料”。影响公共艺术材料拓展的除了艺术观念的不断更新，还包括科技的进步。材料学的发展产生了LED、光纤玻璃、纤维织物等现在公共艺术作品中常见的材料，计算机和互联网技术的普及则大大拓展了公共艺术的互动方式，增强了作品趣味。随着科学技术和艺术观念的变化而不断拓展的材料史，一方面极大地丰富了公共艺术作品的形式，另一方面也悄然改变着艺术与日常生活的关系，让艺术与日常生活不再泾渭分明，而是相互渗透。

（二）材料的物质属性

对材料的物质属性的感受是人们在日常生活中已经建立起来的，即使是没有受过专业艺术训练的人也能够通过物体的色彩、质感、形状来感知一二。

比如，当人们看到木材，会产生自然、朴素、亲和、温暖、感性的感觉，看到不锈钢时，立刻觉得现代、理性、冷漠，还有一些科技感材料本身的色彩、厚度、硬度、光滑或粗糙程度会引发人们对轻重、细腻或粗犷、冰凉或温暖等感觉的联想。正是基于这些“人之常情”，作为现代设计先驱，包豪斯学院就已将材料认知作为重要的基础训练，其在今天的设计学科中仍广为使用。

20世纪60年代末，意大利兴起的贫困艺术极端强调材料的物质属性。他们主张剥离材料上的一切文化解读，让材料自身的物质属性得以呈现。让鸽子仅作为鸽子存在，而不是和平的符号；座椅仅作为座椅存在，用它的形态和质感打动我们，而不是权力的象征。无独有偶，美国极简主义和日本物派也有着类似信念，主张使作品完全客观化，不指涉任何事物。极简主义常常采用的极简几何形态，充满了形而上学的意味，反倒获得了另外一种抵御强大日常阐释体系的象征能力。

（三）材料的文化隐喻

一般来说，要想将材料本身与其背后所携带的文化属性完全隔离是不可能的，因为不同的材料在日常观念里早已形成了相对稳定的解释。所有的“物”都不单纯是“物”本身，而是在一定的观念系统的全景之下成为这个“物”的。就像人们看到春天的新芽觉得生机勃勃，看到秋天的落叶会感到悲凉凄切，这种相对固定的观念意识在人看到材料物质属性的同时已经产生了作用。既然难以剥离，就应该将其也作为材料的固有属性,在设计时一并考虑。我们在使用竹子的时候同时将它作为中国文人精神象征物的属性也考虑在内,在使用车轮的时候同时提醒自己这也是汽车文化的象征。由于拓展了对材料的理解,创作的思路也将发生变化,我们所使用的物并不只是物本身,还包含了这个物在人们的日常生活中所打磨出来的包浆。这时,所谓的材料就已经不只是物质本身,也包括人们的观念系统。

材料作为设计的语言,就有它既定的语法。同材料在不同时期、不同环境中所呈现的物质属性、文化隐喻都是材料运用中不可忽视的特点。但这并不意味着设计师就只能为物所役,因循守旧,恰恰相反,设计师在了解材料的种种特点之后再进行理解的、尊重的,同时又颠覆的、实验的创新和转化才能真正让自己的创作回应日常生活,影响日常观念。伦敦大学戈德史密斯学院[①](Goldsmiths, University of London)的毕业生奥利弗·晓普(Oliver Bishop)用废旧的垃圾箱发起的社区艺术活动则用更贴近生活的方式激发了物的可能,他们通过网站联合的模式,搜集伦敦市区那些没用的废旧垃圾箱,把它们加以改造后放回社区空间,这些创意颠覆了人们对垃圾箱的既定认识,通常这些既有观念越根深蒂固,借用也就越能制造惊喜。

① 伦敦大学戈德史密斯学院,是位于伦敦东南部,始建于1891年的学院,于1904年并入伦敦高校,改名为伦敦大学金史密斯学院。

第六章

城市公共艺术的案例分析

第一节 室外公共艺术

城市空间包括在城市范围内的一切领域，本节着重介绍的是城市空间中的室外公共艺术的应用，下面分别从城市广场公共艺术、城市公园公共艺术、滨水公共艺术等方面论述公共艺术在城市室外空间营造上的作用。

一、城市广场公共艺术

城市广场是城市的"会客厅"，它是城市品质、特色与个性的集中展示场所，是市民休闲健身、文化娱乐、交流集会的重要场所，是展现城市形象和城市文明的重要窗口。因此，基于城市广场在城市中重要性的体现，城市广场空间不应当是贫乏和空洞的，这就需要具有文化内涵和审美功能的公共艺术的整体营造。城市公共艺术在广场空间中的建设不仅能起到整合环境、营造整体气氛、烘托场所文化特质的作用，而且对于广场空间的人性化建设具有重要意义。

城市中为满足市民生活需要而修建的广场，是由建筑、道路和植物等组成的相对集中的公共开放空间。城市广场都有一定的主题思想，是城市公众社会生活的中心，也是主要的城市公共开放空间。

（一）城市广场的整体氛围营造

关于城市广场的整体氛围营造，相关人员需要注意以下几个方面。

（1）设计时要考虑城市广场所处的地域，全面考虑和反映出城市本土的历史人文背景。

（2）不同的城市广场所体现出来的内涵是不一样的，所以设计时要考虑到城市广场的性质和内容。

（3）城市广场不是孤立存在的，它必定与周围的环境有对话，所以设计时要考虑周边具有鲜明特征的建筑。

（4）城市广场的性质不同，空间的形态也就不同，应设计出符合特定场所需求的合理变化的空间形态。

（5）城市广场要有自己的层次和比较鲜明的方位感，以便人们识别和引导人们。

（二）城市广场的整体氛围营造方法

城市广场的整体氛围营造方法如下。

（1）任何设计都是从运用点、线、面等构成要素开始考虑，城市广场同样采取这种设计方式进行空间限定和设置。

（2）在城市广场的空间设计中，可利用建筑、墙体及植物等构件进行四周围合限定，运用构件形成封闭空间与开敞空间，形成强与弱的空间层次感。

（3）不同于室内空间的顶面，城市广场的顶面大部分暴露在空间中，所以可运用玻璃穹顶、布幔、钢架结构等构件遮住城市广场顶面的空间，形成较弱或较虚的限定围合空间。

（三）城市广场的分类

1. 集会性广场

集会性广场是用于政治集会、庆典、游行、检阅、礼仪、传统节日活动的广场，具有强烈的城市地标作用，往往被安排在城市中心地带。此类广场的特点包括面积较大、多以规划整齐为主、交通方便、场内绿地较少、仅沿周边种植绿地，等等，最为典型的是北京天安门广场、上海人民广场等。

2. 交通广场

交通广场是指有数条交通干道的较大型的交叉口广场，如环形交叉口、桥头广场等。这些广场是城市交通系统的重要组成部分，大多安排在城市交通复杂的地段，和城市主要街道相连。交通广场的主要功能是组织交通，也有装饰街景的作用。在绿化设计上，考虑到交通安全因素，多以矮生植物作点缀，以免阻碍驾驶员的视线。

3. 娱乐休闲广场

在城市中，此类广场的数量最多，主要是为市民提供一个良好的户外活动空间，满足市民休闲、娱乐、交流的要求。这类广场一般布置在城市商业区、居住区周围，多与公共绿地用地相结合。广场的设计既要保证开敞性，也要有一定的私密性。在地面铺装、绿化、景观小品的设计上，不但要富于趣味，还要能体现所在城市的文化特色。

4. 商业广场

商业广场指用于集市贸易、展销购物的广场，一般布置在商业中心区或大型商业建筑附近，可连接邻近的商场和市场，使商业活动趋于集中。商业广场的作用还体现在它能为人们提供相对安静的休息场所等方面。因此，它具备广场和绿地的双重特征，并有完善的休息设施。

5. 纪念广场

纪念广场是指用于纪念某些人物或事件的广场，可以布置各种纪念性建筑物、纪念牌和纪念雕塑等。纪念广场应结合城市历史，与城市中有重大象征意义的纪念物配套设置，便于瞻仰。

（四）广场的设计要素

1. 广场铺装

广场应以硬质景观为主，以便有足够的铺装硬地供人活动，因此铺装设计是广场设计的重点，许多著名的广场因其精美的铺装而令人印象深刻。

广场的铺装设计要新颖独特，必须与周围的整体环境相协调，在设计时应注意以下两点。

（1）铺装材料的选用。

材料的选用不能片面追求档次，要与其他景观要素统一考虑；同时要注意使用的安全性，避免雨天地面打滑；多选用价廉物美、使用方便、施工简单的材料，如混凝土砌块等。

（2）铺装图案的设计。

因为广场是室外空间，所以地面图案的设计应以简洁为主，只在重点部位稍加强调即可。图案的设计应综合考虑材料的色彩、尺度和质感，要善于运用不同的铺装图案来表示不同用途的地面，界定不同的空间特征，也可用以暗示游览的方向。

2. 广场绿化

广场绿化是广场景观形象的重要组成部分，主要包括草坪、树木、花坛等内容，常通过不同的配置方法和裁剪手段，营造出不同的环境氛围。绿化设计有以下几个要点。

（1）绿地要保证不少于广场面积20%的比例。但要注意的是，大多数广场的基本目的是为人们提供一个开放性的社交空间，那么就要有足够的铺装硬地供人活动。因此，绿地的面积也不能过大。

（2）广场绿化要根据具体情况和广场的功能、性质等进行综合设计，如娱乐休闲广场主要是提供在树荫下休息的环境和起到点缀城市色彩的作用，因此可以多考虑树池、花坛、花钵等形式；集会性广场的绿化就相对较少，应保证大面积的硬质场地以供集会使用。

（3）选择的植物种类应符合和反映当地特点，便于养护、管理。

3. 广场水景

广场水景主要以水池（常结合喷泉设计）、叠水等形式出现。通过对水的动静、起落等处理手段活跃空间气氛，增加空间的连贯性和趣味性。喷泉是广场水景最常见的形式，它多受声、光、电的控制，规模较大、气势不凡，是广场重要的景观焦点。设置水景时还应考虑安全性，设有防止儿童、盲人跌撞的装置，周围地面应考虑排水、防滑等功能。

4. 广场照明

广场照明应保持交通和行人的安全，并有美化广场夜景的作用。照明灯具形式和数量的选择应与广场的性质、规模、形状、绿化和周围建筑物相适应，并注重节能要求。

在广场照明当中可以分出路灯、地灯和水池灯、霓虹灯等不同的用于照明以及艺术表达的灯光形式，而这些同类或者不同类别的灯具之间的组合又引发了更加复杂的艺术变化，为城市广场的夜晚带来多变的综合性艺术环境。广场照明系统重点在于体现出城市的夜晚艺术特色和广场对大众的娱乐服务，在这种艺术语言的运用上既要注意不同灯光和整体环境的配适性，更要做到对其中最出彩的灯光的凸显和修饰，让广场的夜空和城市居民的夜生活环境因为灯光而更加多彩（如图 6-1 所示）。

图 6-1　广场照明灯①

5. 景观小品

广场景观小品包括雕塑、座椅、垃圾箱、花台、宣传栏、栏杆等。景观

① 图片来自摄图网。

小品要强调时代感，具有个性美，其造型要与广场的总体风格相一致，协调而不单调，丰富而不零乱，着重表现地方气息、文化特色。

二、城市公园公共艺术

城市公园空间是支持城市可持续发展的绿洲，有“城市之肺”之称。

城市公园空间是城市公共空间的重要组成部分，是城市规划、城市设计、城市绿地系统、城市景观的重要内容。城市公园在中国城市生态建设和城市精神文明建设中起着至关重要的作用，最主要的功能就是改善城市环境，提高环境质量。城市公园空间是城市文化建设的重要阵地，作为城市文化的空间载体，城市公园空间使得城市文化更富艺术内涵和地域特色，是城市主流文化和文化气质的外在表现。透过城市公园空间可以体会到一个城市的文明和繁荣，可以感受到一个城市的文化涵养和对于历史人文的尊重。城市公园空间文化建设的质量直接影响着城市整体文化建设的水平。而城市公共艺术作为城市有形文化的重要组成部分，在城市公园空间整体营造中具有举足轻重的作用，因此也可以说公共艺术对营造城市的文化氛围和人文气氛有重要意义。

近年来，城市公园公共艺术建设体现出中国城市建设中更加深入的人性化、人文化的追求，也体现城市文化多元化建设，为健康和谐社会的发展提供教育基础的理念。具体地说，城市公园公共艺术建设有以下作用。

首先，有利于为城市提供一个人与人交流，邻里间和谐共处的平台，消除人与人的距离与隔阂；其次，有利于拉近人与环境的交流，更好地满足大众渴望与环境和艺术亲密接触，希望提高自己的审美水平、改善生活环境质量的强烈愿望；再次，有利于认识城市地域文化，感受地方文脉，反映城市特有的景观面貌和人文风采，表现出城市的气质和风格，充实和丰满城市记忆。城市公园在城市生活中的作用因城市公共艺术的存在得到了升华，城市公共艺术不仅将人与人、人与自然联结起来，还勾起了城市人对城市历史、城市文化的追忆。因此，城市公园城市公共艺术建设也就成为城市人精神和文化审美的寄托，体现出城市建设的人性化和文化追求。

根据中国标准的绿地系统分类，城市公园包括综合性公园、社区公园、专类公园、带状公园、街旁绿地五大类。这里主要分析一下综合性公园、专类公园、带状公园与城市公共艺术。

（一）综合性公园与城市公共艺术

综合性公园是城市公园系统的重要组成部分，是城市居民文化生活不可缺少的重要因素，它不仅为城市提供大面积的绿地，而且可为居民提供户外游憩等活动的场地，适合于各种年龄和职业的城市居民进行一日或半日的游赏活动。它是群众性的文化教育、娱乐、休息的场所，并对城市面貌、环境保护、社会生活起着重要的作用。

综合性公园公共艺术建设是城市公园公共艺术建设最为重要的组成部分之一，对于城市文化建设、城市空间环境建设有着举足轻重的意义。综合性公园城市公共艺术应具有鲜明的主题和丰富的内涵，城市公共艺术介入的形式与题材应当具有综合意义，尤其注重整体性和实用功能性。典型的如北京红领巾公园、上海徐家汇公园。

（二）专类公园与城市公共艺术

专类公园可以分为三类，一类是体现城市自然特色的专类公园，如动物园、植物园；另一类是体现城市人文资源特色的专类项目，如儿童公园、文化公园、纪念性公园等；第三类是体现城市自然与人文结合特色的专类公园，如风景名胜公园、历史名园等。

专类公园城市公共艺术具有主题相对单一性、服务对象针对性、发展逐渐多元性的特点。每一类型的专类公园具有各自特定的主题，城市公共艺术围绕这一主题展开设计，或以植物，或以动物，或以人文历史为主题，形成不同的特色。

专类公园具有各自不同的定位，服务对象也存在很大的区别。比如动物园、植物园、儿童公园主要的服务对象是儿童，这一类公园城市公共艺术营造时就需要重点关注儿童在空间中的体验与感受，而文化公园、风景名胜公园、历史名园等受众则主要是以成年人为主。因此，不同的专类公园城市公共艺术建设就产生了目标定位的差异，城市公共艺术的主题、形式、色彩、体量须具有针对性。

（三）带状公园与城市公共艺术

城市带状公园作为城市公共空间的重要组成部分，最能发挥绿地系统的日常游憩作用，它分布均匀，接近市民，便于市民日常休闲使用。它还拥有较短的服务半径、精致亲密的空间，是市民最为广泛使用的一类公园绿地,因此带状公园城市公共艺术的人文性设计就显得尤为重要。城市带状公园城市公共艺术追求的目标应该是营造“高情感”的人性化空间,是以人为主体的社会生活场所,只有三者的有机结合、相互影响,即人创造艺术,艺术强化场所,场所又反过来吸引人,才能创造出具有活力的城市带状公园。唯有实现带状公园城市公共艺术与自然的融合、与历史的衔接、与文化的联姻、与人的亲和、与时代的同步、与世界的接轨,才能达到人、自然、城市公共艺术的和谐。

(四)城市公园整体氛围的营造

城市公园整体氛围的营造要考虑以下几个方面。

(1)要考虑到城市公园的性质、功能,根据城市公园的特征确定城市公园的内容、设施和形式。

(2)城市公园要有自己独特的序列空间,根据不同功能的区域和不同景点、景区的特点组织出流畅的序列空间。

(3)城市公园要根据与其他周围环境的关系确定定位,突出本身的特征。

三、城市滨水景观艺术

滨水是指陆地与江河、湖泊、海洋等水域相结合的场所环境。从人类文明起源和发展规律来看,滨水地区发挥了至关重要的决定性作用,而今依旧作为人类生活休闲娱乐的重要场所,因此滨水环境不仅孕育了人类文明,还继续促进着人类的发展。当今,滨水环境的建设和保护越发受到人们的重视,已经发展出了不少配套专业对其进行专项深化研究。

(一)滨水景观的功能与价值

1. 城市滨水的生态价值

城市滨水的生态价值主要表现在多个方面。首先是生态平衡,滨水环境为动植物的生存提供基本的食物来源和栖息场所,是生物多样性和生态平衡的基本保障;其次是滨水环境中具有应对自然灾害的本能,如洪涝时节可以利用河漫滩、沙洲、滨河湿地调蓄洪水、调节稳定河流水位;最后,滨水景观还肩负着水质净化的作用,当生活废水流经滨水地区时,会被生长于此的植物、微生物、动物进行生物净化,从而保证了环境健康。不仅如此,滨水环境还具有调节区域气候的作用,空间经由水域时会自然调节临近地区的空气湿度、温度。

2. 城市滨水的社会价值

城市滨水能在维护城市生态系统、改善人居环境、提高城市生活品质等方面发挥重要作用,另外,城市滨水还具有综合的社会价值,如城市经济价值、人文价值、景观价值。

城市滨水首先具有重要的经济价值,最为直接的表现是滨水区可以提供一定的水产、农副业的生产条件,给予一定数量的家庭经济支持;其次,滨水区具有理想的旅游环境,通过发展旅游及相关产业也能产生客观的经济收益。

城市滨水本身及周边的社会活动相对频繁,滨水景观不仅满足了城市居民亲近自然、回归自然的意愿,而且成为市民休闲娱乐的场所。在享受美好自然资源的同时,城市也在优化和改善滨水环境,从而使得滨水成为了集自然景观、人造景观和人文景观于一体的综合环境。通过对环境的主观营造,滨水景观具备了满足市民休闲、娱乐、运动的理想场所,从而提高了城市生活的品质,为城市精神文明和社会的和谐发展起到积极的促进作用。正是通过这种物质化的改造手段和非物质化的生活行为,使得滨水环境具有越来越重要的人文价值。

城市滨水环境相较于其他类型的城市环境,具有天然的资源优势——水,在景观各组成要素中,水扮演着十分重要的角色。不仅如此,滨水环境通常视野开阔,相比拥挤局促的城市环境而言,这也成为其不可多得的空间优势。城市滨水环境凭借其特殊的景观元素和风景资源,具有得天独厚的景观价值。

(二)滨水景观要素

滨水景观中的构成要素内容丰富,有自然要素和人工要素两大类:自然要素如水域、植被、山石地形甚至栖身于此的动物等;人工要素如景观建筑或构筑物、景观装饰小品、景观水景、基础景观设施等。下面对常见滨水景观要素进行介绍。

1. 水景

水景是滨水景观要素的亮点和存在前提,并非有水就是水景,水景是对水的有目的地运用,对水景的理解需要建立在观赏的角度,当具备有一定美感特色和艺术感染力的时候,水景才能在环境中起到点缀的作用。水景又可分为自然水景和人工水景。自然水景就是环境现存的水系景观,如河道、山泉、湖泊等。人工水景如水池、喷泉、跌水池等。

2. 水际植被

因为处于水陆交接的环境条件下，滨水景观中的植被较为丰富。从陆地到水域，从乔木、灌木到花草，从旱生植物、湿生植物到水生植物（浮生植物、浮叶植物、挺水植物、沉水植物），构成了完整平衡的植物群落。在满足生态功能的前提下，可以针对水际植被进行灵活地搭配与变化，在此过程中呈现出丰富的层次和景观效果。

3. 建筑物

滨水区建筑物是滨水景观中的点缀元素，往往与水景相得益彰，无论是旅游景观还是城市滨水环境中的纪念性建筑，都需要协调好建筑与滨水环境中的自然要素之间的关系，需要注意的是，建筑密度不宜过高，否则不利于空气流通，会积聚湿气对建筑不利；其次，需要注意建筑的布局和朝向，形成有利于阳光、空气和观景的建筑格局；最后，要严格控制建筑的生活物质垃圾处理和能源供应方式，不能破坏环境卫生和生态健康。

4. 基础设施

滨水景观中的基础设置包含座椅、垃圾箱、路牌、电话亭、候车亭、道路分隔带、导盲设施等。基础设施是服务于滨水景观中人们的各种需求的，同时也具有烘托景观氛围的作用，很多特色鲜明的滨水景观环境中都配置了同样特色鲜明并且与整体环境一脉相承的基础设施，如路灯、电话亭、垃圾箱，通过特别设计，既具有完整的功能又具有理想的景观效果。

（三）滨水景观艺术的典型代表

1. 武汉江滩公园

江滩公园是武汉著名的滨水景观之一，公园风景秀美，设计者在艺术表现方面十分高妙，对公园的树木等自然景观充分利用，将艺术元素与水文艺术充分结合，并且还考虑到了公园仿佛一颗嵌入城市中的珠子，因此在这颗珠子中添加小桥流水和风吹柳叶的写意风流就是对城市最好的修饰，通过这样的艺术语言和艺术表现手法的运用，设计者将江滩公园打造成了名声响彻武汉的滨水景观。大禹神话园是江滩公园第一阶段工程的中心，起于晴川阁，止于建港船厂，全长 1424 米，占地 9 万平方米，是以大禹神话故事为背景蓝图构建的一个主题雕塑公园，集中展示了大禹治水的精神。这一工程在2006年年中正式竣工且对外开放。公园中值得一提的是十四尊大型雕塑组成的雕塑群,这些雕塑作品各自蕴含不同的艺术表现,而且相互之间存在内在关联,而这些雕塑作品同时又都和城市的文化背景存在微妙的联系,这就使得雕塑作品的文化语境的高度以及艺术表达力度得到了很大的提升,这是公共艺术在设计和建设的时候必须要考虑到的,也是公共艺术在表达方面的优势所在。另外,江滩公园还建设有《20世纪初的汉口码头》《码头情结》《扛包》等展现汉口码头文化的情景雕塑和公共设施艺术造型。汉江口本就吸引了很多游人慕名而来,而这些艺术作品的存在以及其对当地文化气息与人文精神的提升也让汉江口的文化氛围更加浓郁,对游人有了更强的吸引力。

2. 苏州金鸡湖

苏州的金鸡湖是有名的滨水风景之一,其西侧的湖滨大道更是整个滨水空间当中的点睛之笔,其中蕴含了浓郁的艺术气息与浪漫的生机表达。湖滨大道的总长度约为2000米,从远处看,这条如梦似幻的水滨大道就仿佛一条从天上遗落到凡间的仙绶,化作一条唯美的道路将湖水这一自然风景与城市中由人创造的公共环境连接在一起,将两者之间结合成了既对立却又不显得突兀的共同体,将水代表的自然元素和高楼大厦代表的科技元素或者现代元素糅合在一起,让城市中的人望向湖水的时候感到自己仿佛就置身于湖畔,似乎能感受到微风将水汽拍打在自己的脸上,同时又让站在湖边的人在感到飘飘欲仙的同时回首就能见到矗立在身后的钢铁丛林,蓦然间产生对科技与自然两相融合的思考,这都是公共艺术与水滨空间结合带给人们的直观感受。在金鸡湖畔,有树木林立的香樟园,也有颇具古韵古香的木质凉亭,还有抬眼就能看到的水天相接的美景以及城市与自然交融的别致景观。而最有趣的地方在于湖畔周围还有不少颇具现代气息的娱乐设施打造出的娱乐空间,设计者似乎在有意识地提醒游览者对这种城市中的自然风情要多加关注、多加思考,通过现代建设与自然元素的交融带给游览者更多的关于人与自然的哲学思考和艺术启发。在具备众多现代化和自然风貌相结合的艺术元素的同时,金鸡湖的湖滨大道又是一个完整的、自成一家的独立艺术空间,由于该艺术空间的建设使用的是公共艺术的建设思路,所以在空间开放自由等方面又显得大气磅礴。尤其令人感到眼前一亮的是在湖滨大道两侧的树木和碧波掩盖下若隐若现的雕塑艺术,这些雕塑对于湖滨大道来说仿佛点睛之笔。试想一下,当你走在清风徐来的湖边小路上,四周是高大挺拔的树木,树木的枝叶在随风摇曳中不断发出哗啦啦的浪潮般的响声,而随着一阵稍大的风的袭来，柳条纷纷抬起绿油油的身子，将其枝叶掩盖的各色雕像展现在游人面前，其中有在阳光下反射出耀眼光芒的不锈钢雕塑，也有色泽深沉，即使在阳光下仍然显得不那么起眼的铸铜雕塑，还有色泽艳丽的新材料雕塑，这些雕塑或许具备明显的外貌特征，或许带有明显的铭牌，在游人走过的时候，可以根据这些信息了解雕像代表的艺术背景和人文色彩，通过对这些雕塑的了解，游人又可以进一步将这些雕塑背后代表的艺术元素和文化要素与城市历史文化相结合，从而对城市文化有更深刻的了解。雕塑艺术带来的除了文化渲染外，也起到直接的装饰作用，利用不同的色彩和各异的外形让游人在水滨环境中流连忘返。对雕塑艺术的融合也是湖滨公园的特色之一，各式各样的雕塑坐落于公园的每个角落以及湖滨大道的两侧，游人在公园中可以欣赏到多种艺术形式并且在这种多元化的艺术综合体中仔细体会艺术的奥妙，立足公园眺望不远处的城市，也能够让游览者对城市公共艺术的本质有更深刻的了解。

四、城市历史街区公共艺术

历史街区具有稀缺性和不可再生性，具有历史、文化、科学、艺术等价值，是城市文化资源的重要组成部分，它记载了城市发展的历史，传承了城市的文脉，延续着真实的城市生活。随着我国城市化进程的不断推进，城市不断地翻新再造，很多城市历史的记忆在城市拆迁过程中不断地被抹去，很多城市中的历史街区也未能幸免，它们不断地消失。其实，城市公共艺术作为有形文化的重要呈现形式，在历史街区空间中扮演着十分重要的角色。

首先，历史街区需要城市公共艺术。目前，很多城市对于历史街区公共艺术建设的重视程度不够，导致该区域公共艺术建设总量相对缺乏，公共艺术也就没有发挥出其应有的效果。在历史街区设置适宜的城市公共艺术，是提高历史街区市民文化生活的有效途径之一。其次，城市的历史街区是考察城市文明程度的重要依据。改善历史街区的视觉环境，完善历史街区的公共环境设施，增强历史街区的文化氛围，恢复和提升历史街区的历史遗韵，是历史街区公共艺术建设的核心目标。最后，城市历史街区公共艺术建设与城市其他区域公共艺术建设有着明显的区别，历史街区由于其所处的特殊地理、历史环境，也就使得城市公共艺术建设呈现出带有历史意义的多样性变化，历史街区公共艺术建设丰富了城市公共艺术的表现形式和主题，有利于促进城市公共艺术多元化发展。

我国历史文化底蕴深厚，历史街区公共艺术承担起见证历史发展、传承城市文明的作用。我国五千年历史文明为我们积淀下丰厚的文化遗存和精神遗韵，历史街区公共艺术建设在反映历史信息、表现传统遗韵的同时，更多的是向人们传播城市经过历史发展变迁所遗存下的文化脉络和精神气质，比如，人文关怀、历史古迹、宗教信仰、社会尊重等。历史街区为公共艺术建设提供了城市发展背景和原始造型元素，通过对历史街区这些显性与隐性符号的挖掘，也就使公共艺术与历史街区和谐地融为一体。

第二节　室内公共艺术

在整个环境艺术设计的范畴中，室内设计与人关系最为密切。从时间的角度看，人们大部分的活动都是在建筑室内进行的，人的一生大部分是在各种各样、千姿百态的室内环境中度过的。因此，室内设计也是整个环境艺术设计体系和范畴中最丰富、最细致的部分。随着信息技术的快速发展，人们将会有更多的时间在室内生活和工作。从改造修建的反复频率角度看，室内设计与装饰装修要远远多于建筑外立面的改造装饰的次数。因此，可以认为，室内设计是环境艺术设计范畴中的核心与重点。

室内设计是建筑设计的延续、深化和完善，是对建筑的再创造。从发展的历史层面观照，室内设计还十分年轻，却显示出强大的发展后劲和广阔的发展空间，具有量大面广的基本特点；从技术的层面看，除建筑外，涉及结构、电气、照明自动化、空调、排水、声学、消防等学科或要素。室内设计数十年间飞速地发展，审美意识的重心也已从建筑空间向时空环境逐渐过渡转向，即在传统的三度空间上加上时间而成为四度空间，注重人的尝试、参与和体验；审美层次也从形式美感的把握及以往为装饰而装饰，抑或从一般性的创造、渲染气氛向文化特色、艺术品位和风格以及美学价值等方面追求，着力于环境空间意境的构建与创造。此外，当代室内设计较之以往更加注重协调整体，充分发挥想象和整合力，调动各种可利用的艺术和技术的手段，呈现出多工种、多行业团结协作、合力配合的工作倾向，以达到最佳的声、光、形、色、材、质的组合效果，创造一个理想、宜人、高效、舒适的室内环境。这是随着人类科学文明的高度发展的必然结果，强调人的自主精神及以人为本的设计初衷和根本。

一、公共厅堂的空间构成

（一）空间构成的关系

公共厅堂的空间形态和空间效果千姿百态。我们可以将之按逻辑概念分解为形体空间构成、明暗空间构成和色彩空间构成三种关系。

1. 形体空间构成

形体空间构成是指室内两种或若干种不同性质却又相互联系的空间，即母空间与子空间的形体组合关系。

2. 明暗空间构成

明暗空间构成是指在自然光和人工照明的不同条件下，明亮空间与幽暗空间的明暗组合关系。

3. 色彩空间构成

色彩空间构成是指各类空间构成的色彩组合关系。

三类各有侧重的空间构成三位一体的关系，它们相互制约、互相依存，对生活、工作在室内环境中的人们产生了较大的生理和心理作用。

（二）空间构成构思与经营的环节

1. 空间构成的预想与立意

室内空间构成的预想设定，是一种近乎朦胧、各意象飘浮未定的空间艺术感觉和效果设想。室内空间构成的立意，是根据建筑环境、使用性质、功能要求、技术条件、经济范围以及建筑艺术意象等各方面因素的综合分析与权衡而得以确定的。

2. 一次空间限定

一般而言，公共厅堂室内设计，至少要通过两次空间限定才能完成。一次空间限定，即运用天、地等界面恰当地围合一个提供人们进行各种活动的庇护空间，是这个室内的总体空间，通常称之为母空间。

一次空间限定主要确定母空间的形体与明暗关系。因此，一次空间限定“量”与“质”的规定性俱存，同时对使用功能和审美功能产生作用。

3. 二次空间限定

二次空间限定，就是在原空间，即一次空间的限定下进行子空间的创造，充当丰富空间层次、完善空间内涵、调节空间虚实关系、充实人造小环境的特质和氛围的任务。同时，又要使这些子空间十分自然妥帖地融会于厅堂的整体空间中。

4. 空间构成的整体协调

室内空间构成的整体协调包括两方面的内容：一是量的规定性协调，主要表现在空间构成中简繁关系的增减取舍之协调；二是质的规定性协调，主要指空间构成中造型要素的协调。这两类协调关系贯穿在室内环境的各个方面和始终，是设计师关注和权衡比较的重点，也是衡量室内设计优劣成败的重要参照关系之一。

二、公共厅堂的光影构成与色彩运用

英国现代美学家克莱夫·贝尔[①]（Clive Bell）在《艺术》一书中说："在各个不同的作品中，线条、色彩以某种特殊方式组成某种形式或形式间的关系激起我们的审美感情。这种线、色的关系和组合，这些审美的感人的形式，我称之为有意味的形式。有意味的形式，就是一切视觉艺术的共同性质。"他用"有意味的形式"的理论，来解释公共厅堂的光影色彩的形式美，是十分贴切的。公共厅堂室内空间千姿百态，形态迥异，直接诉诸人的感官，对显示、体现环境特征性格及其内容具有重要意义。事物的外在形式总是诱发着人们去欣赏它，去探求它所显示的内在精神的美。光影与色彩是构成室内空间的重要组成部分，是空间造型和视觉环境渲染表现不可缺少的要素。

（一）自然光与室内

光影是视觉环境中最活跃的因素，光影的结构及其质量是衡量空间环境成功与否的一个重要标志。对此，米歌尔·布朗曾提出："本世纪的建筑，尤其是以国际式为代表的建筑，对这个问题并未给予很大的注意。这个世纪所强调的，实际上是开设越来越大的玻璃窗，强调增加采光量，却很少讲究采光效果。"忽略光影对空间环境的塑造的重要作用无疑是莫大的损失和缺憾。

自然光在不同季节、不同时刻、不同环境以人为地改变其色谱时，都可以塑造出千变万化的室内空间艺术。通过透射、反射、折射、扩散、吸

① 克莱夫·贝尔（Clive Bell，1881—1964），英国形式主义美学家，当代西方形式主义艺术的理论代言人。

收等方式，可共同揭示空间的面目，显露材料质感的本色，烘托室内环境的气氛。

室内日光设计的主要内容是确定采光形式，即确定采光口的位置、形状、布置等。不同的采光形式不但影响室内照度分布、采光效率及建筑的美，而且也直接影响着室内的气氛。

（二）自然光的形式

就自然光源照射的部位来看，一般分为侧光、角光、顶光三种，并各自以其独特的方式创造着室内环境与意境。

1. 侧光

侧光是室内设计中普遍运用的采光形式，在设计时，须对采光口进行必要的技术上或艺术上的处理。比如，对采光口附加镂空实体可以形成光影交织的效果。当阳光透过镂空实体的孔隙射入室内空间的墙及地面上时，便构成别有风味的图形和形状，随着阳光移缓，光影也随之变化，形成运动着的“装饰”，如此设计能使空间更富有深度。

2. 角光

角光指的是让光线从室内的角端进入，形成一个光线反射的过渡地带，以一个光源照亮与角端相邻的两片墙面。美国建筑师冈那 · 伯凯利兹十分擅长利用角光源的手法，他设计的位于密歇根州的一座住宅，运用多片放射状的墙体从角部把自然光引进室内，使室内几个墙面统一在柔和光的基调中。美国设计师约翰 · 波特曼所设计的旧金山海特摄政旅馆的内院中庭除了利用顶光外，还利用角光在两个客房楼的交接缝隙中形成垂直的光，使中庭呈现出奇丽的光影效果。

3. 顶光

当今，公共厅堂的顶光运用目迷五色，千奇百怪，美不胜收。比如，美国国立美术馆东馆大厅锥形玻璃天窗使阳光倾泻而下，凌空翱翔的雕以及天窗网架图案式的阴影洒落在光洁的大理石墙面和地面上，形成不断变幻的光影效果，给大厅平添了生机和活力。

东京代代木体育中心主馆和副馆悬索屋盖呈贝壳状，天然光自顶透过光格栅漫射而进，室内天花板自下而上逐渐明亮起来，与弧形上动态的天花板共同表达了体育运动不断搏击、蓬勃向上、焕发活力的精神意念。

(三)人工光与室光

由于受天时、地理的光气候限制,人类还必须寻求另一种受人类自己支配的光源,即用照明来创造适宜的室内光环境。近现代电光源日新月异的进步正促使室内设计不断完善光环境的质量以适应人们的视觉生理需要,更追求光气氛的效果以满足人们的视觉心理要求。越来越复杂的照明方式随着越来越丰富的室内空间共同创造新生活。室光照明的主要功效体现在以下几个方面。

1. 丰富空间内容

在公共厅堂室内设计中,设计师可充分运用人工光的扬抑、隐现、虚实、动静以及控制投光角度和范围建立光的构图、秩序、节奏等手法以大大渲染空间的变幻效果。设计史上的"光影大师"在处理不同空间的具体手法殊异,但有一点是共同的,即他们都相当注重光影在丰富空间方面的作用,并认识到"建筑师在设计应理解各种光线的质和量对空间所引起的影响以及对人所产生的效果"(冈那·伯凯利兹)。其设计的美国约翰生制腊公司办公楼中庭,通常给人最强烈的印象是它独特的天棚采光效果,经过仔细地分析推敲,我们可知这引人入胜的效果中蕴含了形、色的作用,如伞状的柱子、内凹外凸的弧形墙面轮廓、材料的质感和本色表现、下垂的藤蔓植物、重复的圆弧形几何母体以及中庭大空间与各层之间的空间效果等,其综合性便创造了这一特定环境的气氛,而光影的设置则有如点睛之笔,使整个空间全都"活"了。也正是光使得结构柱伞"像漂在水面的浮萍",使整个环境似乎是一个与喧闹的都市隔绝的水下空间,人在其间则感受到在柔和的光笼罩下的美妙、幽谧,且有出世脱俗的丰富空间。

2. 改善空间比例

视觉心理研究表明,哪怕处于同一空间,在不同的照明分式条件下,由于光具有某种产生错觉的性质,会在人们心理上产生不同的空间感。一般来说,明亮的照明使空间显得开阔,而微弱的照明使空间收敛。发光顶棚使空间显得高敞,灰暗顶棚容易给人留下空间低矮的印象。纵向排列光源使空间产生深远感,而横向线光源可以改善空间的狭隘感。光影的强弱虚实能使空间的尺度感改变,比例与形状的感觉也会有所不同,还会改变空间的心理中心,因而使人对相同形体面光的设置投射不同的空间产生迥然不同的心理感受。

3. 限定空间领域

在公共厅堂室内空间里，运用人工光的明暗度可以明显地区分不同功能的空间领域，这种区分和分割的限定性比实体分隔要便捷灵活得多。这种光分割往往在光之外即阴影暗处又是隐匿的，不太为人所注意。国外一些餐厅、酒吧台与其顶棚相呼应，顶棚下倒置的高脚酒杯灯饰，一方面标示了大餐厅空间中酒吧这一区性空间，另一方面又十分鲜明地点出了该区域的营业内容和特征。其立意之明，构思之巧，令人拍案叫绝。此外，在一些茶座和舞厅，设计者常常有意将乐队、歌舞星部分设置强光聚光投射闪曳，而茶座部分却很暗，旨在产生一种相对的安全感。

日本北海道近代美术馆展厅四周展壁在明亮投光灯照射下，展品清晰醒目，而中间休息区处于较暗的光环境中，使观众的视觉可以得到休息，产生宁静与安逸的心理。两种不同空间的内容在人工光的组织下得到各自领域的限定。

4. 创建趣味中心

人的视觉生理表明，人的注意力总是本能地被视野中亮度对比最大的部分所吸引，这通常就是视觉的趣味中心。这既可以通过选择合适的灯罩大小以及装饰位置的高低来控制投光范围，以强调这个视觉趣味中心，也可以通过装点照明和重点照明，构筑趣味中心。例如，在美国建筑师格雷夫斯的作品中，光环境的处理富于塑造力。简洁的几何体形构件在光的照射下更加清晰明确。构图中心的抽象绘画用射灯装点照明，成为视觉的趣味中心。

5. 增加空间层次感

在处理室内空间的衔接与过渡中，利用空间的变化可以在人们心理上产生深刻的印象。如果结合人工光的明暗处理，在衔接空间以“框效应”作为两个明空间的过渡，则更增强了空间的抑扬顿挫的节奏感，空间的层次能十分明显地表达出来。东京“Spiral”建筑在室内设计中特别注重把光与空间糅合为一体。进入门厅的正前方，映入眼帘的是提高了地坪的茶室，空间得到收敛，并随着朦胧光照明，其后是温和照明的画廊和高大而明亮的展厅。这种空间序列连续展开的古典构图，在人工光的精心组织下使空间的变幻更突出了“明—暗—明”节奏感的韵律。

光强的部位视感清楚，而弱的部位视感模糊，与距离远近变化的视感相似，所以空间产生一定程度上的深度感和层次感。这些光影也为空间带来情调和浓郁氛围。美国设计师约翰·波特曼设计的亚特兰大桃树广场旅馆，借天窗将光引入内院中，不同季节、不同时刻、不同气候的光影变化，极大地丰富了空间的表现力，使中庭犹似置于云蒸霞蔚中的琼楼玉宇，令人浮想联翩，流连忘返。

美国建筑师路易斯·康[①]（Louis I Kahn）设计的孟加拉国达卡国立医院门诊部，有一外廊和内廊，墙上开着尺度极大的圆形洞。当阳光通过这些洞照到走廊时，便形成了强烈的层次感，构成了随一天的时间变化而改变形状的椭圆形光圈，富有装饰性的图形蕴含着无限的生命力，令人陶醉。

6. 明确空间导向

美国海兹·毕拿设计事务所设计的奥兰多海特摄政旅馆门厅，光照体现了门厅立意的气派。门厅竖界面上具有装饰味和理性美的灯光，丰富、揭示、界定了空间范围，强调了视点，而且具有明确的空间导向功能，给观赏者和旅客以愉悦和舒畅的感受。

运用人工光强调空间的导向是室内设计突出主要人流去向的重要手法之一。它可以通过明暗对比，在一片环境亮度较低的背景中出现“明框效应”，以吸引人的视觉注意力，从而强调人流主要去向。也可以通过灯具的指向性使人的视线跟踪灯具的走向而到达设计者所刻意创造的另一个重要空间。如日本东京新宿子旅馆的接待门厅，顶棚和墙面融为一个发光的整体，具有方向感和秩序感地从一楼直接延伸至二楼，再加之地面光滑材料的映照，可谓水天一色。这样的设计，等待的空间导向十分明确凸显。

7. 烘托空间氛围

光影可以创造不同的环境氛围，或柔和朦胧，或安谧幽雅，或高亢醒目，或活跃纷繁等。如日本设计师北原进设计的宫古岛东急旅餐厅，具有原始古朴情调的室内环境，在由羊肉串状构件制成的灯饰及其光影的渲染、烘托下，突出了粗犷洞穴景观的特质，形成了在整体空间中富有特别吸引力的所在，强化了空间的造型。值得一提的是，造成室内某种特定气氛的视觉环境色彩是光色与光照下环境实体显色的总和。因此，应当考虑室内环境中的基本光源与次级光源（环境实体）的色光相互影响、相互作用的综合效果。

① 路易斯·康（Louis I Kahn），1901 年生于大西洋上的爱沙尼亚岛。1905 年，随全家迁往美国宾夕法尼亚州。1924 年，毕业于费城宾夕法尼亚高校。20 世纪 50 年代起，执教于宾州高校和耶鲁高校的建筑学硕士研究班。1974 年，卒于从达卡返回美国的途中。

眩光是光环境中的一种干扰因素,常常在室内设计中加以避免和控制。但是在某种特定的空间里,设计师却着意运用闪烁不定的眩光与震荡的音乐、刺激的色彩、晃动的人影共同渲染一种异常奔放、狂热的室内气氛。

室内功能照明应从人的生理角度出发,考虑满足人们对在室内从事各种活动的舒适性要求。因此,应当根据室内空间的特定使用内容及其空间形态,确定合理的照明方式、照度高低、光色变化等。另外,室内环境气氛是室内形、色、光三者的综合效应,照明及光照构成应服从室内设计总体意图,使之成为创造室内意境的有机组成部分。

(四)室内环境的色彩协调与对比

人们进入一个空间,首先感觉到的是色彩,其次意识到形。美国美术和电影理论家阿恩海姆说过这样的话:“说到表情作用,色彩却又胜过形状一筹。那日的余晖以及地中海的碧蓝色彩所传达的表情,恐怕是任何确定的形状也望尘莫及的。”色彩确实能吸引人,加强形的效果,能更好地表现空间,并给人以形形色色的色彩感受。

1. 室内色彩的多功能

室内色彩首先具有审美作用,形、色、质是视觉域同一层次的三大信息维量,色彩美是室内环境美的构成部分。色彩既具有悦目性,也具有情感性。室内色彩同时具有生理作用。现代光波振动对神经系统影响的研究表明,色彩对血压、脉搏、心率、肌肉等都有影响。长波的颜色引起扩张的反应,短波的颜色引起收缩的反应。人眼对不同颜色的光谱也有不同的视见度,这是影响室内环境卫生质量和生活舒适度不可忽略的要素。其次,室内色彩具有视感作用。色彩具有不同的距离感、重量感和温度感。色彩的不同组合,可以产生抑制性的隐退或醒目性的凸显。不同色块的区别还可以改变建筑空间、建筑构件的形态感和尺度感。因此,色块能成为调节调整室内空间形象的有效手段,被广泛用于深化空间、室内主次、隐显、闭敞、轻重等观感以及弥补、改善空间与实体的不良形态及尺度感觉。最后,就是标志功能。色彩的标志功能除了体现在室内的安全标志外,还常用于室内的空间导向、空间识别和物体识别。如大营业厅、大商场以不同的地面色区展示营业商品的分区;高层办公建筑各层电梯间,地面以不同的色调显示不同楼层的信息等。以上这些多方面的作用,促使室内色彩必须考虑多功能的、综合的协调。

2. 室内色彩的多元素

室内从空间界面到室内陈设,五彩缤纷,类别繁多。从色彩设计的角度来区分,约略可分为四个部类:第一是室内建筑构件类,包括墙顶、地面、门窗楼梯、柱列屏罩等。第二是室内设施设备类,诸如家具、机具、设备等。第三是室内陈设品类,包括各类展品、商品、工艺品、器皿、书籍、植株、盆景、字画、壁画、镜框等。第四是室内纺织品类,举凡地毯、窗帘、帷幔、台布、靠垫、坐垫、吊帘等皆属此类。

四类色彩部件各有自己千姿百态的形体、轮廓、尺度、纹饰和材质,构成不同位置、不同面积、不同形态、不同质地的色彩融合,且这四部类常常相互渗透交融成结合体。比如,商场内琳琅满目的各色商品货柜视觉冲击力强劲,其他方面如界面等则宜素雅简约;在高大的公共厅堂空间中,家具、设施等比重下降,建筑构件的色彩则往往上升为主体。因此,室内色彩协调不仅要考虑各类部件自身的协调,而且要考虑各部类之间的总体协调。

3. 多样色彩关系

室内存在着众多五花八门的色彩:背景色、物体色、固有色和条件色等,其组合也多种多样。如背景色与物体色的组合。具体表现为墙面与门窗、墙面与隔断、墙面与壁挂、地面与地毯、地面与沙发靠垫等。同时还会出现多性组合,如地面—地毯—沙发—靠垫—帘布,形成多层次的复合背景。

在多样复杂的背景色、物体色中,需要恰当确定基调色和重点色。室内界面通常充当背景色、基调色,也不排除某个墙面予以色彩强烈强调而成重点色。调配好背景色、物体色、基调色、重点色的关系,有助于表现空间的主从关系、隐显关系,有助于体现空间的整体感、协调感、深远景深感。

室内色彩在光源照射下,在室外环境色和室内环境色的反射光作用下,可形成物色与光色的混合,呈现减法混色现象,某色相、明度、彩度都会发生变化。因此,在对于辨色视觉要求较高的室内环境中,应当选用显色指数比较高的光源,避免色彩失真。

三、商业建筑室内设计

就商业建筑室内构成的空间范围而言,一般可分为顾客区域、出售区域、商品区域和服务员工作区域四个部分。当然更多的是诸区域为一体、兼而有之的格局分配。

商店的主体空间一般是提供给顾客的。商品区域含从商品的购入到商品的发送，以及营业用的各种办公室。规模庞大的综合百货大店中设备与商店管理则显示出不同于一般的重要性。

现代社会的商业空间丰富异常，一般有综合商店和专业商店之分。大型购物商厦或购物中心的建筑面积可达数十万平方米。在正常的经营条件下，销售额与营业厅面积成正比，所以，相对于总面积的营业厅面积的比率，即营业厅的面积率就成为商店室内设计的一个重要参照。按上述分析，营业厅面积率应为使用面积的60%～70%，使营业厅实际面积达到40%～60%，相对于建筑总面积大致为50%。

商店营业厅平面划分既要整齐，又要富于变化，如果可能，最好采取不固定的方式，以便适应经营内容的变更，也可在通道动线形式的选择上保留一定的灵活余地。营业厅的通道动线的宽度主要依据商品的种类、性质和顾客的人流和数量来确定。一般采用的是：货柜前顾客站立宽度为450毫米，通行每股顾客人流宽约为600毫米，则通道动线宽W由人流股数N来确定，即$W = 2 \times 450 + 600N$。通常计算需要结合实际经验。

（一）货架布置形式

1. 沿墙式货架布置

顾名思义，沿墙式货架布置即为柜台货架等设计顺墙排列。此种方式的优点是减少售货员，节省人力；缺点是形式陈旧，缺乏秩序性。

2. 开敞自选式商场

所谓开敞自选式商场，是指将商品置放在货柜上，允许顾客直接挑选商品。其优点是，营业员工作现场与顾客活动空间交融在一起。这种销售方式恰好迎合了顾客的消费心理，比较受消费者的欢迎。

开敞自选式商场的出入口应该分开，通道一般大于1500毫米，出入口的服务范围应在50米以内，营业厅出口处的收款机以每小时50～600人一台为基准，入口处设置购物容器和手推车，便于顾客使用。如获得98亚太地区室内设计大奖赛商业类一等奖的香港余仁生中药店设计，设计的目的就是满足一种有别于传统的销售方式，使之成为更现代的顾客自选型零售方式。为吸引顾客，工作人员将150个栗色药屉排列在连绵的曲面界面上，上部对应的是成排的盛满中成药的大玻璃瓶，形成一道引人注目的圆状靠墙货架，居中为金字“余仁生”招牌，彰而不显，恰到好处。为了与圆弧状靠墙相对应,天顶棚是一系列横切空间的波纹曲线构型,精致而巧妙。入墙式家具半凸于墙面,并与墙面成一定角度,正好面对人流,以吸引顾客进入店内。陈列在货架中的中药成品被嵌入在橱柜的内嵌式聚光照亮,就像一个展示系统,十分宜人。每个展柜都相互独立且呈开敞状,以鼓励顾客触摸和感觉商品。

3. 岛式货架

岛式货架是指柜台货架以岛状分布,用柜台围闭合式,中央设柜台货架,形态变化较大,可为正方、长条、圆形、三角形等。特点是柜台边长,陈列商品多,便于顾客观赏选购,流动灵活,视觉美观。大商厦及综合百货商店多选此型货架。

4. 斜形货架

斜形货架是指将柜台、货架等与营业厅柱网成角布置,力图使室内视距拉长而造成更为深远的视觉效果,通常以 45° 斜向较多,左右方向的交角又能组成 90° 直角,能避免出现较小锐角的可能。此种较适用于专业店堂如箱包店和商品(某一品牌)专卖店,讲究环境,突出品牌,使室内既有变化又显示出明显的规律性,凸显商品的特殊性和优良性。

5. 自由式货架

自由式货架是指将营业厅的柜台货架等,随流动线走向和人流密度变化灵活布置,使厅内生气勃勃,轻松活泼。自由式货架大多适用于大型百货商店。此种形式国外运用较多。

(二)商业空间塑造

商业功能的变化,促使商品布局也随之发生变化,表现在功能分区更条理化和科学化,收款台统一集中在出入口处,无异于增加了商业面积,同时以商品种类齐全、分布合理、选择方便、清洁卫生等而受到消费者的青睐。

商店中的营业空间塑造是商店主要的形象之一,它具有以下两个方面的内容。

1. 营业空间的分隔与联系

在了解商店营业空间的分隔与联系前,首先要认识柱网布置。我国一般采用 6 米 ×6 米的柱网结构形式,也有扩大到 7.5 米 ×7.5 米或 9 米 ×9 米的柱网结构形式。设计中,设计师应利用柜台货架式隔断水平方向划分营业空间，形成隔而不断的效果，保持明显的空间连续性，这样一来，空间分隔也比较灵活自由，变动性强。同时，设计师可利用竖向插入空间的手法分隔营业空间，使空间在垂直方向局部分隔而穿插，既可增加空间层次，使其富有变化，而且可充分利用空间。此外，设计师还可利用顶棚和地面的变化来分隔营业空间。顶棚、地面的变化如高低、形式、材质、色彩、图案等的差异，均能起到一定的空间分隔作用。此种手法现已被广泛运用在商店设计中。

2. 营业空间的延伸与扩大

利用人视觉和错视的差异，通过空间各界面即顶棚、地面、墙面等的巧妙处理，可使营业空间产生延伸和扩大感。

由日本设计师冲健次、渡边妃佐子设计的六本木长廊时装店，力图消除店中固有的实体形态，正如设计者所说的那样："从空间设计消除形态也许比从实物设计消除形态更有可能。在实物设计中其使用目的与功能不可避免地表现在形态上。想要从空间消除形态，想要消除构成空间的东西，意着在极限上停止设计表现，只把设计表现意图留下来。我不想创造设计者念念不忘的形态，而是想要把实物的本来面貌赤裸裸地插入空间。我是想要在一切都设计化，并被逐渐消耗的情况下，用没表现出来的形态完成设计。"

美国设计师什库摩瑞女士为纽约沃伍德·卡亚马服装专卖店的设计则体现了灵活性和简洁性的设计特色。她所设计的服装专卖店的接待区面对电梯间，是一扇从倾斜角度看上去犹如飘浮在空中的墙壁。该墙用灰泥抹得十分光滑，并做出具有立体感的雕司徽标志，令人意外的是，三个铜框特别是窗孔分别位于专卖店入口最远端处，将销售办公室和接待厅分开，高度与后面办公桌等高。窗户正面是经过反光涂层的双色玻璃装饰，以使接待区域拥有朦胧的色彩。专卖陈列区域是个T形敞开式空间，室内暴露的管件和由设计师设计的辅助构架系统，墙顶端则装以钢架用来悬挂从上方倾斜光线的荧光灯。管型构架成为灵活的空间隔离物和工作台。在这里，弯管和黑色并涂饰以清漆的打孔特种板的结合、形成了一种可在整个空间中作用的辅助空间分割推车，这些物架和铺着地毯的地面以及屋顶结构架上的灯光轨道架连在一起，形成一个整体，这无疑是一个用以展示和销售服装的富有青春和创造性的空间。

纵观国内外商业空间设计，都有一个共同的特点，就是十分讲究光线照明的艺术性和技术性的统一，讲求基础照明、重点照明和装饰照明有机统一，着力于局部照明、普通整体照明和辅助点缀提神照明的合理分布，取得了令人赞叹的空间氛围和商业特质。

（三）购物中心

美国一些设计购物中心的建筑师、开发商和经济学家研究了商品的性质及其在流通领域中的特点，将其分为“方便商品”和“比较商品”两大类。前者指经营消耗性的日常生活用品的商店，其流通仅是简单的买卖过程；后者则指经营耐用品的商店。在这些商店里，顾客要比较质量、花色、品种、产地、价格、工艺以及售后服务等，在此基础上进行选择性购买。而以上两大类也都可以分成“需求性”“半需求性”及“促动性”三种经济发达的国家供应，需求性商品的超市和街头巷尾方便商店随处可见，需求性商品一般不纳入购物中心的经营范围。因此，购物中心设计的重点是激发、促动顾客对“比较商品”中的“半需求性”“促动性”商品的购物情绪，促成从购物欲望演变成购物行动。它主要涉及和考虑解决、协调以下几个方面的问题。

1. 合理设置主干商店

主干商店在购物中心内占有较大面积，常常设置在室内步行街道的顶端部，起着整个中心商业活动的烘托作用，也称为“铁锚商店和基本吸引点”。设计师必须参与到承租谈判中去，并对面积、规模、可能的设计模式等进行咨询。

2. 设置专业零售商店

确定主干商店以后，规划步行街的走向，设置出租的专业零售商店，并在某些恰当空间位置上或交叉路口设立小广场或街心庭园。

3. 诱导人流和激发购物情绪

有策略地确定入口位置，拉长延伸步行购物序列，均匀地疏导顾客至各个商店，并可有意识地将入口设计在部分较偏的区域部位，以增加购物机会。

4. 组织好“街”与“庭”的空间

创造引人入胜的室内购物环境，在保证无阻塞人流活动的前提下，应力求各空间在视觉上要有通透的感觉，在水平方向能贯通“街”“庭”和主干商店，在竖直方向能贯通各购物层。因此，国外许多购物中心各层楼板通常挖掘孔洞，或做成中庭，以共享空间的形式，在“庭”部位使顾客对整个购物中心做上下、左右、前后、高低的环视，便于对下一步的活动方位和程序做统筹安排。

加拿大多伦多市伊顿中心是世界上屈指可数的大型购物中心之一。设计师蔡德勒把商场衍生成巨轮样式的设想变成事实,他将三层商场设计成轮船甲板,巨大拱形玻璃、天棚宛如白色帆船,硕大的中庭空中悬挂着 60 只天鹅飞翔的艺术形象,顾客到此宛如在轮船上乘风破浪,做海上旅行。而且,他在伊顿中心内设置了横纵向的步廊,在十字路口处开辟了小广场,人们可尽情欣赏商场四周的景色。商场每个层面的通道与地铁入口处与城市街道相连接,三百多家商店分散在几条商业街上,共处在天棚下,既适宜于购物,又利于商业竞争和管理,而这一模式对世界上购物中心设计产生了一定的影响。

发达国家的一些超大型购物中心综合体的建筑总面积甚至能达到 10 万平方米,包括大容量的车库,简直是一个袖珍城市。例如,加拿大布法罗市郊尼亚加拉大瀑布彩虹购物中心,是集步行街、商店、旅馆、绿地及出租车库等多种功能于一体的现代室内城市。室内色彩清新,白色基调里点缀着明快的红、橙、黄、绿、青、蓝、紫等色彩,仿佛雨过天晴彩虹飞跨时的那种瑰丽、湿润和明快的感觉。这正如 M. 哈斯科尔在《购物中心设计》一书中写的那样,必须创造一种多样、竞争、激动人心的气氛来引导顾客游览和寻找商品。因此,单调、重复是“购物的敌人”,在设计中,应尽量避免贫乏的色彩、没有面的光墙等任何“抑制情绪”的因素。

购物中心的综合化,不仅适应了社会的需求化,也是城市商业环境空间发展的必然产物。从日本的购物中心可以看出,由购物中心派生出的附属设施异常丰富,其附属设施按照规模及顾客利用周期的差异而确定。

时代和社会的前进,促使现代社会工作效率不断提高,工作时间逐渐减少,休闲时光增多,生活日渐富裕的人们,对城市商业空间提出了前所未有的挑战。商业空间的外延也在不断变得宽泛、得到延伸,及至包括旅馆、饭店、安保、娱乐、学习、休闲观光等多种多样的内容。

购物中心作为商业空间的组成部分,正在迅速发展,问题也接踵而至,人们总以为最大、最高、最亮、最新、最豪华才是最好的,却忽略了商业活动的大众性和群众化,好大喜功的现象使城市商业空间眼花缭乱,既俗气又无序,结果是过分地异化,在一定程度上使环境品质降低。

在对购物活动进行多方位研究的基础上,世界各国在购物中心设计方面都独树一帜,取得了极大成功。美国波士顿的 S · 塞因公司就是颇负盛名者之一。塞因公司设计部主任、国际购物中心委员会委员米切尔以数十年的设计实践经验认为,好的设计将有助于建立商业信誉,吸引更远、更多的顾客,即扩大顾客的“汇流范围”,这与当前美国的社会经济状况及消费发展趋势相适应。米切尔认为,在当今的科技条件与经济状况下,购物者的生理需要如光照、空气的温湿度、洁净度及每个人所需的活动空间等是容易满足的,但视觉及心理的需求则处于无止境的变化状态。因此,设计师也必须无止境地进行摸索与创新。塞因公司的购物步行空间设计,大多能独树一帜地利用绿化、水景、雕塑、光照、悬挂艺术品及旗帜、图形装饰等视觉艺术手段,创造丰富多彩的购物环境。

美国的购物中心各主干商店及备零售专业商店的店面与室内设计,大多是由承租者另请室内设计师完成的。但室内步行空间则由设计购物中心的设计师负责,其质量决定着整个购物中心的优劣。明智的做法是运用各种综合艺术手法去创造赏心悦目、别具一格的环境,在消费者休憩、游逛过程中不断激发其购物情绪,对于购物中心各主干商店及各零售专业商店的室内设计来说,这一点显得更为重要。显然,足够的休息座椅、小吃店及路旁的咖啡座等是延长消费者在购物中心停留时间所必不可缺的设施。

美国的购物中心室内设计,一般每五年左右更新一次。同时对很多旧商业建筑和旧市场进行改建,使其成为既具传统风貌又有时代化设施的购物中心。比如,塞因公司设计的麻省水城的阿森奈尔市场,主要构思是保留两幢有历史意义的库房,对内部进行全面改造,安装了各种先进设备,用钢架支承增建了两层步行街。室内设计保留了原有的露明钢桁架及富有特色的天窗,并作为装饰构件。淡雅偏暖的色调,具有传统风格的街灯和钟柱等精心处理,使人回忆起阳光和煦、亲切宜人的新英格兰小镇的风采。旧建筑外观保持原貌,但屋顶涂饰成橙红色,绿丛掩映,层次穿插,反映在查尔斯河的粼粼波光中,景色十分优美。该设计获得国际购物中心委员会颁发的设计大奖。它的成功告诉我们:购物中心是城市的组成部分之一,审视、观照商业环境,必须运用系统观点,妥善、科学、全面、发展地处理商业购物中心与上下、左右、前后各层次之间的关系,才能使城市商业建筑环境的多层次、多元化结构有序地工作,协同而有制约地完成,并进行特定的经营功能。

四、轨道交通公共艺术

(一)轨道交通公共空间的认识

如今,我国艺术工作者逐渐关注界面向空间转换的重要性,并将这一观念实际运用于我国地铁公共艺术的实践中。

轨道交通公共艺术区的创作形式会受到地下空间各种客观因素的制约,空间净高、光线、人流量等都是创作时需要考虑的客观因素。设计师需要充分认识受众群体,才能达到轨道交通公共艺术预期的效果。地铁空间中多是脚步保持在中速或是快速的人,因此,艺术品既要吸引行人的目光,又不能形成行人的障碍。风暖、排烟、消防等也为轨道交通的艺术创作带来了更多的要求,这既是艺术家对公共艺术再认识的过程,又是迎接新的挑战的过程。公共艺术的创作不是各种材质冰冷的堆砌,而是一种承载艺术家精神和想象的载体。轨道交通公共艺术区虽然有大量制约艺术创作的因素,但是,当艺术家抛开"界面艺术"思想的束缚,强调空间的整体性,并通过艺术的手段和思维后,仍能感染来往的人们(如图 6-2 所示)。

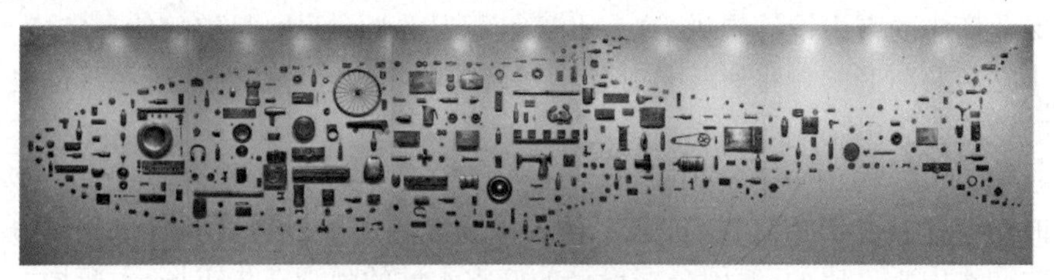

图 6-2 青岛最美地铁站[①]

(二)轨道交通公共艺术区的功能性与艺术性

公共艺术空间需要从界面艺术层面解脱出来,做到艺术形式的和谐与统一。一方面,轨道交通空间是公用性空间,艺术空间是其功能的组成部分,因此,设计师在设计时要考虑到艺术空间的功能性。例如,对标识、图案、导视系统进行设计归纳,让其既有美感也能发挥导视作用,不会产生歧义,通过视觉艺术营造人与环境和谐的艺术空间。另一方面,轨道交通处于地下空间中,地下空间基本没有自然采光,只能通过人工照明让其有秩序地运作。因此,设计师要按国家对照度的相关规定进行设计。地下空间结构和管线结构复杂,设计师在进行设计创作时,要及时与相关工程人员进行沟通,以保证设计的安全合理性,在确保技术性问题能够得以解决的基础上创作发挥。

当艺术品走出画室进入空间,就具备了公共性,其创作必然要结合大众的需求。地铁公共艺术是通过艺术的介入完成地铁环境的建设和提升。作为城市建设的一部分,地铁的功能性特征突出,对技术的依赖显得尤为

① 图片来自作者创作。

重要。大量的技术介入，往往能满足物质性需求，并保证运行的秩序，但精神性需求则需要艺术来补充。创作大量反映城市文化和历史传承的艺术作品，对于城市形象的推广、突出站点场所的精神，具有重要意义（如图6-3所示）。

图6-3　深圳地铁盐田港西站——舞动的集装箱[①]

（三）地域性及文化特殊性与轨道交通公共艺术

1. 区域发展与轨道交通公共艺术创作

区域发展定位会对轨道交通公共艺术产生巨大影响，轨道交通公共艺术就像一面镜子，能深刻地反映区域的历史文化发展与定位。比如，武汉市创建全国文明城市，强调市民素质、文化沉淀和未来发展潜力，武汉轨道交通公共艺术规划则以"城市记忆"为主线，通过艺术手段让城市的历史文化得以延续，线网艺术规划在体现文化历史的同时，在特定的线路主题归纳上体现未来的发展规划。

公共艺术的创作在创新的同时，更要结合城市发展定位，创作符合社会发展和体现社会责任的作品。公共艺术不一定都要求具有观念上的前卫性，它同样可以表达人类恒常的理性与普通情怀。艺术有根，时代在前行，设计与创作根植于某一时期，但经典的作品不会因为发展而落伍，

① 图片来自作者创作。

而是会紧跟时代的步伐。当艺术家记录当下最前卫的文化、最时尚的生活方式……并用艺术的手法将其再现，若干年后，流行的文化会过时，但那些被艺术家记录的历史，却会引起人们内心最深处的共鸣（如图 6–4 所示）。

图 6–4　长春地铁 2 号线景阳广场站[①]

2. 历史文化与轨道交通公共艺术规划

历史文脉的策略是关注地域文化，追根溯源，延续历史传承，根据地名故事扩展，唤起人们对地方文化的记忆和怀念。历史文化的发展对于地铁公共艺术有着直接的影响，艺术家往往会选择历史题材加以创作，因此，对于轨道交通公共艺术规划也会产生影响。

伴随着轨道交通公共空间发展的地铁公共艺术已经成为当代城市文化最直观、最显现的重要载体，代表了艺术与城市、艺术与大众、艺术与社会等关系的一种新的取向，成为承载城市精神与文化的重要公共空间。这种城市文化的精神场包围着我们的生活，让历史风貌和现代精神充分体现在一个个流动的公共空间，轨道交通系统也因此成为城市的一条文脉（如图 6–5 所示）。

① 图片来自作者创作。

图 6-5　青岛地铁之纹脉[①]

五、室内公共艺术设计的材料变革与发展

建筑材料、装饰材料是室内设计赖以实现的物质载体，并在一定程度上促进建筑、景观、室内环境的发展和突破。砖的出现，使新的建筑结构得以出现并发展，钢和水泥的出现促进了高层框架结构和大跨度空间结构的发展，塑胶材料则带来面目全新的充气建筑。材料对建筑的装饰装修和构造也十分重要，玻璃的出现给建筑的采光带来了方便，油毡的使用解决了平屋顶的渗漏问题。难怪美学家桑塔亚那这样说道："如果在探索或创造美的时候，我们忽略了事物的材料，而仅注意它们的形式，我们就坐失提高效果的良机。因为不论形式可以带来什么愉悦，材料也许早已提供了，材料效果是形式效果的基础，它把形式效果的力量提得更高了。"

（一）室内设计材质的演进

建筑师、室内设计师对建筑和装饰材料的理论的认识和掌握是优秀室内设计的前提和保证。在现代设计教育发展中，早在 1919 年成立于德

① 图片来自作者创作。

国魏玛[①]的包豪斯[②]学院，在其教学体系的预备部（基础）课程中，即十分重视材料及其质的研究和实际练习。教师们意识到材料的特性、功能等仅靠语言来理解是远远不够的，而应该运用材料进行造型训练并通过实践操作以加强深化理解，探究其美感。包豪斯早期阶段的重要负责人伊登在《造型艺术基本原理》一书中写道："……他们（指学生）陆续发现可资利用的一手材料时，就更加能创造具有独特材质感的作品来。"伊登总结道：通过实地研究，学生们认识了他们四周的世界确实是充满了具有各种表情的触觉的环境，同时领悟到了若不经过一些训练，就不能正确地把握材质训练的重要性。日本艺术评论家利光功在所著《包豪斯——历史与理念》一书中根据大量史料，指出包豪斯的教学中，材料、肌理、质感的内容，占据了基础教学中的重要方面，指导每个学生了解最适合自己造型设计的材料，在培养对某种特定材料的感性认识的同时，更加出色地把握该材料的特性、质感及其与其他材料的优劣对比。

（二）室内设计材质的性能与特点

属于自然现象的材质是材料本身的结构和组织。一切物质材料同时兼具自然和审美价值的两重性，当今对自然美的开发和利用，已把客观质地的美注入了人的本质力量，并演化为艺术的美。

在室内环境中，不同的材料如金属、陶瓷、砖石、塑料、木材、皮革、织物、玻璃、橡胶及各种复合材料呈现着不同的质地，并以其丰富多彩的面貌丰富充实着我们的生活和工作环境。

材质的美是附于环境中的，它们是相互联系、相互影响和相互制约的，材料的表情、性格与室内空间品质的一致性是至关重要的设计原则。材料在价格上有高低贵贱之分，可是一旦进入室内，其室内效果就很难用价格来衡量。材料是有限的，一旦设计师充分认识、掌握、发挥了其特质及其隐藏的意蕴，它的功效就是无限的了。设计师应努力做到丹麦设计家克林特所期待的："运用适当的技巧去处理适当的材料才能真正解决人类的需要，并获得纯真和美的效果。"

① 魏玛（Weimar），德国小城市，拥有众多文化古迹，曾是德国文化中心，歌德和席勒在此创作出许多不朽的文学作品。

② 包豪斯（Bauhaus），是德国魏玛市的"公立包豪斯学校"（Staatliches Bauhaus）的简称，后改称"设计学院"（Hochschule für Gestaltung），习惯上仍沿称"包豪斯"。

第七章

城市公共艺术互动的创新摸索

第一节 城市公共艺术的互动性研究与设计

“交互”发展到今天，在当代文化生活的背景下，已经被信息时代发展到新阶段所带来的数字化技术所涵盖，这种“交互”的形式更加强调用户的体验性，形态也变得多样化。数字化时代的到来，使得艺术设计在交互性上表现出注重参与和体验的特点。数字化技术下的交互形式有触摸式的，也有非触摸式的，随着信息技术的不断发展和进步，交互的形式层出不穷，交互涉及的领域也在逐渐壮大。

一、交互关系的建立

交互性既然在城市公共艺术中发挥着如此巨大的作用，那么交互关系是怎样建立起来的呢？要想了解交互的建立过程，我们首先要诠释的第一个概念是“用户体验”，或简称“体验”，第二个概念则是“用户反馈”，或简称“反馈”，二者共同构成了交互关系的主体。

（一）用户体验

用户体验（User Experience，UE）指的是用户与产品、设备或系统交互时涉及的所有内容。当今是一个注重个性化体验的时代，要求以用户为中心去进行设计，要以建立高度互动为目标。只有建立了人与目标物之间的交互关系，才能准确地获得用户体验反馈，从而完善设计。因此，交互关系的建立是实现人与人、人与物、物与物之间的互动的根本，人的体验因素在设计中将被作为核心来研究，设计的发展趋势也将向更加符合人性化的交互性的方向发展。

（二）用户反馈

用户反馈（User Feedback，UF）是指将系统过去的行为结果返回给系统，以控制未来的行为。反馈泛指发出的事物返回发出的起始点并产生影响。反馈这一科学概念在传播学和通信科学中运用得比较多。在一个进程中，反馈意味着被动方开始对主动方产生干涉和影响，影响主动方的判断和行为。反馈是被控制的过程对控制机构的反作用,这种反作用能影响到这个系统的实际过程或结果。通过反馈这一概念,可以深刻理解各种复杂系统的功能和动态机制,进一步揭示不同物质运动形式间的共同联系。

反馈在控制论中发挥着重要的作用,反馈是事物进步的基础,是事物循环链上的重要环节。在这里,我们简单地将反馈分为以下几种类型,并专门针对艺术的反馈展开论述。

二、人机交互与艺术的连接通道

人机交互(Human Computer Interaction, HCI)是研究人、计算机以及它们之间相互关系的技术。目前已经发展成为一门交叉学科,广泛应用于工程、设计、环境、航天等领域。这一学科和艺术之间的联系看似不大,但是在互动性数字艺术中,人机交互发挥着重要的作用。

人机交互技术最早出现在20世纪初,美国人Taylor Gilbreth首先采用近代科学手段对人机交互进行了研究,开创了人与人、机、环境三者的关系的研究,大幅度提高了人的工作效率,并在西方国家大量推广。人机交互基本上涵盖了三个范畴:第一,人适应机器;第二,机器适应人;第三,环境适应人。直到20世纪60年代初,计算机科学才发展到一个真正允许人机交流的阶段。1960年,利克莱德[①]突破性地提出"人机共生"思想,企图"通过分析人际交流的问题,促进人机共生发展"。在他富有远见的理论后,只花了几年时间,就建成了第一个确确实实地实现了实时人机交互的设备。

随着数字化时代的到来,人机交互技术开始朝着计算机和信息技术的方向发展,人机交互开始"英雄有用武之地"。人机交互成为计算机新的发展焦点,3D电脑游戏、仿真军事活动、网络虚拟社区等都发展迅速。尤其是在方兴未艾的数字艺术中,人机交互更是成为必不可少的研究内容,直接影响了数字化艺术的交互性的实现。

艺术交互的历史概念较为复杂。20世纪中叶,在哲学心理学、社会心理学、长期控制论、计算机学科的影响下,艺术开始吸收交互的观念,并且在上述领域中,交互的概念均在艺术中并行。

① 约瑟夫·利克莱德(J.C.R.Licklider)是全球互联网公认的开山领袖之一,是麻省理工学院(MIT)的心理学和人工智能专家教授。1960年,他设计了互联网的初期架构——以宽带通信线路连接的电脑网络,目的是实现信息存储、提取以及实现人机交互的功能。

（一）获取图像的方式

在城市公共艺术中，无论其大小、繁简，图像都是最为重要的感觉载体。我们可以通过摄像头（Camera）进行影像信息的获取。摄像头是一种视频输入设备，被广泛地运用于视频会议、远程医疗及实时控制等方面，利用网络，可以进行有影像、有声音的交谈和沟通。它主要由镜头（Lens）、传感器（Sensor）构成。其工作原理大致为：景物通过镜头生成光学图像，并投射到图像传感器表面上，然后转为电信号，经过 AD（模数转换）后变为数字图像信号，再送到数字信号处理芯片（DSP）中加工处理，最后经过 USB 接口传输到电脑中，通过显示器就可以看到图像了。

在数字化城市公共艺术案例中，欣赏者欣赏、参与活动的同时，摄像头可以判断目标人群的数量、行为或目标人群的面部特征、指纹等具体的指标，并将图像结果传递给处理系统，进行分类编程和处理，这是最为重要的信息获取来源之一。

（二）获取动作的方式

除了视觉图像的传递之外，人的动作也通过触觉传感器记录下来。在城市公共艺术中，观众不断移动使自己处于一种不断的变化中，旨在更好地欣赏自己感兴趣的内容，或响应音乐或灯光的刺激，或者出于个人目的的其他考虑。人们通过新的传感器获取这些信息。

大多数读取目标距离的传感器都发送某种形的能量（光、磁或声音）作为参考信号。这一过程非常类似蝙蝠在空中飞行的时候对猎物和障碍物发出超声波并根据反射判定对方的位置。在获取不同动作的时候，我们需要的传感器也不同，例如测定人手的运动可以利用虚拟现实手套的光纤传感器。如果要简单地判断短距离人的位置，可以使用红外线传感器、超声波传感器等。如果需要精确定位的话，还要采用磁力运动跟踪器。如果需要测量旋转，则可以采用电位计。如果需要测量偏转角度，则可以使用电子罗盘仪。现代科技创造出来的各种感应器可以满足我们各种不同的需要。

（三）触觉传感器

在城市公共艺术的实际操作中，经常出现人体与艺术媒介之间的物理接触。对于研究此类物理接口的技术，我们习惯称之为“触觉学”。当观众与公共艺术品进行互动时,在身体部位(尤其是手)接触屏幕或其他感应表面的同时,信号被传感器接收并传递至内部进行处理。一些简单易用的传感器包括力敏电阻器、热敏电阻器和电容传感器等。

力敏电阻器(FSR)用于将机械力转为电阻。这种FSR一般用于感受不大的力,如我们敲击键盘时手指对键盘的压力。如需要感受弯曲,我们则采用弯曲传感器。这一传感器的特点是:如果将其弯曲,其电阻会大幅度增加。电容传感器则专门用来检测非常轻微的触摸。由于人体的特殊构造,人体本身就是一种特殊形式的电容,这种传感可以感受到人体触摸介质之后的一些微小的电荷释放,除了人体外,还可以检测任何带有静电的物体。例如,最为流行的苹果公司出品的iPhones即采用电容式屏幕作为传感器,电容屏利用下层发射信号到上层,当上层被导体接触后,下层接收到信息并作出计算,从而确定手指接触到的位置。由于人体本身就是一个导体,所以当手指触碰屏幕的时候,电容式屏幕能够发生反应。在交互性公共艺术中广为出现的可触摸式屏幕一般都采用类似的传感器。

(四)声敏、光敏、温敏元器件

除了压力之外,声音、温度、光线等信号的变化都可以被传感器感知并变化成电信号,例如热敏电阻通过检测热量增加或减少来判断是否有人在接触这个物体。光敏电阻会根据光线的变化改变自身的电阻,从而判定光线的强弱和方向。而物体的振动、声音的变化,也会对声敏电阻产生影响。

我们在城市公共艺术的互动中,可以采取某种或者某几种传感方式来判定参与者信号的变化。最常用的方式是图像触觉和声音。如2010年上海世博会德国馆的金属球,就采用了声敏传感器,随着人群呼喊的声音大小,系统对声音的响度和强度进行判断,并且其加速旋转、摆动,并不断变换球体屏幕上的图像。

三、交互的输出系统

一个完整的输出系统和输入系统同样重要。城市公共艺术由于其特殊的性质,往往是通过艺术形象来感染读者的,故而其输出系统往往是给读者提供视觉上的享受和震撼。我们先看一下传统的城市公共艺术的输出系统是什么。

传统的城市公共艺术，无论其材质是大理石、青铜，还是不锈钢、玻璃钢，其基本形式一般都是雕塑，或者雕塑和建筑的中间体。1994 年，在巴黎新区拉德芳斯靠近新凯旋门的一个“SFR 电信大楼”的广场上，法国雕塑家恺撒的雕塑“大拇指”被放大至 12 米，和凯旋门一起成为巴黎的城市地标。这通常被认为是标志人的地位的重要性的艺术作品。在英国牛津高校的一幢楼的楼顶，则出现了十分令人震撼而又诙谐的一幕，一只鲨鱼撞破了屋顶，头已经深入楼里，而巨大的身子还露在外面。这些公共艺术的输出系统无一例外都是给人带来观念上的震撼的雕塑本身。但是在交互性数字化城市公共艺术中，情形发生了变化。数字化艺术往往依靠数字屏幕的显示，而不是传统的大理石、青铜等材质。在这里，输出系统大致可以分为两种不同的类型：第一，现代架构使建筑的外立面成为交互式数字内容显示膜。第二，艺术本身由数字控制，艺术的外表，即外部设置终端成为展示给观众看的部分，包括视觉和声光电效果。

第一种内容相对很好理解，随着显示技术的不断提升，屏幕显示已经由早期的普通阴极射线管（CRT）发展成液晶（LCD）、发光二极管（LED）等媒介，界面材质的发展促使艺术的传达效果也不尽相同。CRT 是在 1897 年由德国人布朗发明的，在 20 世纪得到广泛的使用。其核心部件是 CRT 显像管（Cathode Ray Tube），其工作原理和我们家中电视机的显像管基本一样，可以把它视作一个更加精细的电视机。经典的 CRT 显像管使用电子枪发射高速电子，经过垂直和水平的偏转线圈控制高速电子的偏转角度，最后高速电子击打屏幕上的磷光物质使其发光，通过电压来调节电子束的功率，就会在屏幕上形成明暗不同的光点，从而形成各种图案和文字。

LCD 液晶显示器是 Liquid Crystal Display 的简称，LCD 的构造是在两片平行的玻璃当中放置液态的晶体，两片玻璃中间有许多垂直和水平的细小电线，利用通电与否来控制杆状水晶分子改变方向，将光线折射出来，从而产生画面。液晶材料可分为活性液晶和非活性液晶两类，其中活性液晶具有较高的透光性和可控制性。液晶板使用的是活性液晶，人们可通过相关控制系统来控制液晶板的亮度和颜色。由于其厚度可以相当小，所以比 CRT 要好很多。LED 是 Light Emitting Diode 的缩写，即发光二极管，是一种能够将电能转化为可见光的固态的半导体器件，它可以直接把电转化为光。LED 相比前代显示技术具有明显的优势：体积小、重量轻、寿命长、无毒无污染、光电转换效率高、颜色多等，目前已经广泛应用于显示器、交通信号灯、汽车灯饰、景观灯场景等。与传统光源单调的发光效果相比，LED 光源是低压微电子产品。它成功地融合了计算机技术、网络通信技术、图像处理技术、嵌入式控制技术等，所以也是数字信息化产品，是半导体光电器件“高新尖”技术，具有在线编程、无限升级、灵活多变的特点。

第二种情况，艺术本身由数字控制，但是并没有选择显示屏幕作为艺术的输出系统，而是在声光电控制下的艺术外部设置终端成为展示给观众看的部分。这一情况比较普遍，任何材质、形状的物体，通过数字控制表现出来的外在内容，都是允许的。如上海世博会西班牙馆的巨型婴儿——小米宝宝（Miguelln），小米宝宝坐高 6.5 米，不仅能呼吸眨眼，还能做出 32 种不同的肢体动作，甚至能和游客互动。这一切都归功于一套复杂的电力驱动系统。无论是植物还是小米宝宝本身，都构成了数字化公共艺术的输出系统。

除了上述两种情况之外，还有一些是二者的综合，即艺术作品的外表和屏幕本身就是不可分割的。如上海世博会德国馆的感应球动力之源，虽然是一个球体，但是上面镶满屏幕，随着感应的互动，其屏幕内容不断变化，构成一种震撼的效果。

四、交互的处理：通信和编程

一个完整的数字化交互性城市公共系统，除输入、输出系统之外，还要有核心部分——通信和编程。通信的方式，往往是将输入的结果——传感器传递的数字信号，传递到计算机的 CPU 或微控制器，再按照一定的规则进行运算。这种规则的设定其实是根据艺术家所需要的效果来制定的，往往需要复杂的程序设计以及电力驱动系统。

（一）通信

在交互式系统中，通信一般可以分为两种，一种是计算机与计算机之间的通信，主要用到各种专业的协议，另外一种是设备之间的其他通信。由于本书不进行计算机网络方面的研究，仅作为交互式艺术中的过程阐述，故而对计算机与计算机之间的通信介绍从略。在交互式艺术中，更多采用的是设备之间的通信。设备与设备之间的通信适用范围较广，如视频切换、视频混合、调制解调器、3D 传感器、GPS（Global Position System）定位接收器等。在数字化公共艺术中，经常会用到类似设备的协议。同步串行通信是设备间较为常用的一种通信方式。在需要无线的领域，微控制器在较短距离内的控制是非常有效的。RF（射频，Radio

Frequency）和红外线通信，是有效的无线通信方式。红外通信中较为流行的有遥控器、手机或其他设备红外传输功能。射频中的蓝牙协议（Blue Tooth）是目前采用较多的一种协议，无线以太网“Wi-Fi”或“802.11”目前也已成熟，我们在新一代智能手机上都可以找到这些协议的身影，它们实实在在地改变了我们的生活。

（二）编程

如果说设备之间的通信是构成交互式系统的神经末梢或血管，那么程序就是控制交互式系统交互过程的大脑或心脏。由于本书不是程序设计手册，没有必要在这里讲授编程原理。对于艺术家来说，没有什么比自己的奇思妙想更关键。程序在这里发挥了一个作用——实现艺术家的奇思妙想，并将作为交互双方的输入方和输出方联系起来。

比较普遍的编程语言有Pascali语言、Basic语言、C语言和广泛用于网络的Java语言等。微控制器可以按照编写程序的顺序逐行获取程序，并加以执行，以此实现编写者的目的。在这里，必须掌握四种有意义的工具：循环语句、条件语句、变量和例程。同艺术一样，这种编程的技能是每个人天生就拥有的，需要天才的大脑和勤奋的训练。

五、城市公共艺术的交互方法

交互是一个极其宽广的概念。人与人之间、人与物之间、物与物之间的相互作用都可以叫作“交互”。在艺术创作中，作者和观众之间的相互作用也是一种互动，在传统的艺术中，艺术作品与观者之间是单一和被动的互动，是无参与性的。而交互式公共艺术鼓励审美客体的参与，作品形态的转变是由参与者来决定的，使接触作品变成了富有乐趣的体验过程。交互艺术是艺术家制定规则、算法，从事创作，提供原作品，然后鼓励观众参与，以改变作品的形态作为对观众的反馈。这种互动是体验型的、多形态的，是在作者许可、鼓励下进行的，很多时候，观众的行为也是作品的一部分。

随着社会的发展和科技的进步，声音、形象、光影等多样元素在城市公共艺术实践中被越来越广泛地使用。整体性、综合性、协调性、多样性在艺术实践中的地位日益显露。作品的视觉、听觉、互动体验往往超出艺术家起先设定的走向而变得更为复杂。因此，激发联想和体味自我意识的互动，才是城市公共艺术作品的真正价值所在。在现今环境下，交互式城市公共艺术是一种必然的趋势，也是城市公共艺术与市民文化的结合与城市公共艺术自身亲和力的象征。交互是一个运动中的“事件”。事件并不是由一系列个体感觉数据串联而成的,而是基于某种意识共同协调运作而成的。交互设计就是对相关经验的叙述和导航,与观众互动的过程就是大众参与这个故事的过程,并且受众也在创造自己的故事,因而更具启发性与活力。城市公共艺术的交互过程不是把观众的行为看作孤立的存在,而是将他们的动作、行为加以整合。

城市公共艺术的交互方式按照行为模式可以分为四类,分别是机械式互动、体验式互动、创作式互动和虚拟式互动。这四种互动形式有一定的区别,但其中的界限也不是非常清晰,有一些互动作品可以同时被归为其中的几种。

(一)机械式互动

所谓机械式互动,指在公共艺术作品创作之初,作者有意或无意留给受众一些空间,使得人们可以零距离地触摸到,甚至是可以“动”它。艺术从原来的“架上”走下来,真真切切地与公众走到一起。同时,这种机械式的由艺术本身的物理性和生理性产生的互动,也是公共艺术与公众发生互动“接触”的开始,使设计师、艺术家将创作的目光投向了公众。机械术互动不仅是一种视觉艺术的开始,它使公共艺术与环境更多地与“人”发生交流,促成了更加人性化的开始。

“1986 公路游行圣歌”是为 1986 年世界博览会创作的一组公共艺术作品群。作者把人们日常生活中熟悉的交通工具按原比例制作成雕塑,令人们感到亲切无比。本届世博会的主题是交通运输,这些作品不仅迎合了世博会主题的需要,也从空间距离、心理归属上拉近了作品和受众的距离。从儿童的脚踏车,到汽车或飞机,每个人都可以找到熟悉的身影,都可以找到属于自己的“作品”。人们不仅能看到这些车辆,而且还可以触摸和乘坐,再也不用顾忌“禁止触摸”。同它们的亲切接触引发了极大的愉悦,观众表现出了一种天真的喜悦和快乐,儿童和成年人一起感受着这种情绪、这种气氛。这也是公共艺术所主张的艺术与公众的互动关联。

1998 年起源于瑞士的著名系列互动艺术“艺术牛”,早已成为城市公共艺术活动的成功典范,在全球范围内的多个国家和地区举行。当彩绘的“艺术牛”到达某个城市时,当地的艺术家、普通大众和市民们都会充分调动自己的想象力,以牛身为展示平台,画上最能代表自己城市文化和家乡特色的图案。这项艺术活动在多个国家和地区流行,引起了社会的高度关注和空前热情,充分调动了大众的参与性。这种互动没有采用任何高科技的元素，作品在互动前后再没有发生实质的变化，因此还属于机械式互动的范畴。

这样的例子还有很多，如日本艺术家通口正一郎创作的放置在海边的高层住宅楼间，造型现代，具有趣味性，色彩明快，使环境活泼生动，能很好地引导孩子们的参与。这些早期的互动性公共艺术作品，为以后的艺术家提供了宝贵的借鉴意义，也是机械式互动的典型案例，同时由于技术水平和社会文化形态等原因，机械式互动也成为公共艺术互动的早期表现形式。但是，这种表现形式由于与传统的美术形式结合得最紧密，往往能够被大众接受，在物质条件和科技不够发达的地区，这种机械式互动还是比较容易被一般的城市公共艺术所采用的。

（二）体验式互动

体验式互动，不仅局限于从架上走下来、拿掉“禁止触摸”的标牌、拆除保护围栏这样的公共艺术互动形式，更多的是让公众参与到作品中去，甚至可以操作它、改变它，让一个普通的公民，也可以获得参与艺术的享受和快乐，体会到公共艺术互动的内涵。

这种体验式互动形式，又可以分为两种：一种是普通意义上的，即不借助数字技术便可以实现的；另一种，则需要借助新技术手段来实现。普通意义上的体验式互动是通过原有的雕塑造型手段，将技术予以改进后的一种形式，如艺术家巴巴拉·库格创作的影像互动装置艺术。艺术家通过大手笔地运用空间来营造、烘托出作品的“气场”，使得身在其中的观众产生无尽的联想，对空间、对视觉效果、对声音、对能够感觉的一切，从而得到录像装置。巴巴拉·库格为自己的艺术做了一个注解：“艺术可以定义为一种能力，通过视觉、口传、动作和音乐的方式，把一个人在世间的经验客观化。”

体验式互动艺术所要创造的作品，是用来包容观众、促使观众在界定的空间内将被动观赏转换成主动感受的。这种互动不但要求观众用眼睛观看，还要使用所有的感官，包括听觉、触觉、嗅觉，甚至味觉。为了激活观众的感受欲望，扰乱观众的习惯性思维，体验式互动性作品中那些刺激感官的因素往往经过夸张、强化或异化。

（三）创作式互动

创作式互动，是指公众参与到作品创作中，而不是仅体验到作品成功之后的“使用”享受。让普通的大众来参与创作似乎是一件不太可能的事情，但是不论是在高科技不断推陈出新的今天，还是在过去的几年里，这种“创作式”互动的公共艺术作品已经有了很强的生命力，开始在世界范围内蔓延。创作式的公共艺术互动势必成为未来公共艺术发展的主题，而这种互动形式也是所有互动形式中互动性最强、公众参与性最高的。新技术背景下的公共艺术的互动性带来的创作权的转移和技能价值的转变，其互动不只是一种可能，甚至是一个必需的行为。这种作品并非线性叙事，而是强调受众的主观能动性、参与性、双向性与反馈性。与传统公共艺术相异，作品的内容已不再是由艺术家所完全控制，创作权反而掌握在观众手里，在互动的过程中，艺术家将创作权心甘情愿地交了出来，审美客体也可如鱼得水地自由发挥与分享。创作式互动的一个典型类型就是摄录式的公共影像艺术，这种艺术表现本身就存在操作者与被操作者，当运用艺术手段来演绎这其中的关系时，某种内在精神层面的复杂情绪往往会通过这种简单的外在的艺术手段呈现出来。如布鲁斯·诺曼的“录像走廊”，作品将人体工学作为创作依据，当观众进入到作品本身之后，作者已经将其设置为影响作品的变量，即将观众变成作品的一部分，或让观众成为与装置作品处于同一时空中的合作者，预设来访者的视频体验把装置作品的互动性提上了日程，而更富技术色彩也更富设计色彩的互动多媒体艺术已呼之欲出了。

（四）虚拟式互动

虚拟式互动是指人对虚拟环境内物体的可操作程度和从环境中得到反馈的自然程度。虚拟式交互又可以分为视觉虚拟式交互和行为虚拟式交互。视觉虚拟式交互是指体验者在视觉上与图像之间的互动，即艺术作品能够随着人的视线和动作的变化，随机地产生新的图像与之对应，使人同步感受到作品的变化，如同在真实世界中一样。行为虚拟式交互是指人在行为上与虚拟空间中的物体之间的互动。如公共艺术作品可以根据体验者身体的不同指令作出不同的反应，如喷水、改变外形、改变颜色等。虚拟式互动主要借助多媒体、网络、数字技术等来实现作品与人的交互。艺术展示的往往是一个时间化的空间状态，比如，网络虚拟空间，空间结构的不确定性使观众的体验过程变得生动鲜活，从而使城市公共艺术参与的交互机制呈现出纷繁多样的特征和样式。就像从事声音和影像装置艺术的先锋人物大卫·洛克比对他的作品“真实的神经系统”进行解释时所说的那样，这些作品“不是一个控制系统，而是一个交互系统”“系统中任何一方，装置和参与者，都不在受控之列，交互式和‘反应性’的艺术并非一回事”。装置的变化状态是这两个元素合作的结果,这个作品只存在于这个共同作用之下。与其他形式的互动方式相比,由于虚拟式互动的奇观化和技术性,艺术作品受到的限制相对更少一些。对于体验者来说,艺术家的感情会更加方便地表达出来,体验者也能在主动中感受到自我的情感溢出。这种情感的互动渗透,较之其他几种互动方式,在虚拟式互动中更容易被表达出来。

第二节　装置设计

艺术品只具备观赏性而往往缺乏实用性,装置艺术与正常艺术的最大区别在于其具备使用价值,让观众在观赏的同时得到更多其他领域的享受才是其特殊性所在,时间与空间性、场域与现场性、参与与事件性、材料与综合性、大地与宇宙观等带有哲学色彩和现实意义的内容都是经常被融入装置艺术中的元素,审美多元和审美发现都是装置艺术创新的重点。

一、大地艺术

空间装置与自然的融合形成了大地艺术,是人将艺术与自然深度结合的经典展示形式。这种艺术表现强调广阔的空间和自然型艺术载体,人造的设备与自然风物的结合和相互诠释在很多人眼中都属于最高的艺术表现形式,这种带有整体性的艺术是最动人的艺术形式之一。

美国的珍妮·克劳德与克里斯托对大地艺术的创造和把握举世闻名,他们在创作中能够将自然与空间很好地规划到令人震惊的状态,这源于他们的艺术感和对自然的理解与把握。唯一的问题是,他们的作品耗资与耗时都比较高,而且由于需要利用比较大的自然空间还需要事先申请,进行创作前需要进行长期准备。《峡谷垂帘》《德国议会大厦》《螺旋防波堤》这三个作品都属于比较有代表性的作品,尤其是前两者分别利用了自然空间和建筑与都市空间。

《峡谷垂帘》(1970—1972)中艺术家需要将3.6吨的橘黄色尼龙布悬挂在美国科罗拉多来福峡谷相距380米的两个斜坡之间。耗资和悬挂的投入不言而喻,悬挂上去仅28小时,由于暴风雨即将来临而不得不收场;虽然时间短暂,但它给世人留下的魅力是无限的。

《德国议会大厦》(1995)中,克里斯托改变了德国会议大厦的面貌和常规视觉概念中的政府机关,这幅作品是美的象征物,作者把日常生活中的审美转向到心理和精神中,这种美不是小花、小草、人物、动物、风景、静物。《德国议会大厦》是精神美的存在,审美者意志的存在,也是人类与生存、精神与力量的存在。艺术家把美和自信同时献给了观众。可见,大地(自然)艺术是融合物象与物态的一种方式,这里的美与空间同在。

《螺旋防波堤》是美国大地艺术家罗伯特·史密森最为著名的作品:他将6万多吨玄武岩、石灰岩和泥土倒入红色的盐湖水中,形成了一个直径50米、螺旋长500米、宽约5米的螺旋形堤坝,螺旋形的中心离岸边近46米。观众可以顺着堤坝走到尽头,当然在尽头其实什么也没有,艺术家并不是想让人们看到什么,而是让人们通过进入作品而接触自然。这件作品是在1970年4月,艺术家在美国犹他州大盐湖东北角的岸边建造的,这里被人类文明所废弃的景色和一片孤立无助的荒凉所包围,激起了作者在此地创作一件优美作品的冲动。整个作品的形状,就像是一条蜿蜒前行的蛇缓慢地爬入粉红色的湖水中。值得一提的是,这件作品的比例经过了缜密的设计,因此非常适合观众来观看,史密森曾说:尺寸决定一个物体,但是比例才决定艺术。墙上的裂纹,如果只看比例,不考虑尺寸,可以称其为大峡谷。比例由一个人接受能力的感觉决定,对我来说,比例是不确定的,考虑《螺旋防波堤》的比例实际上不是在内,而是要置身在外,由于湖水升起,这件作品曾经沉没在水下4.5米的地方,那是一条静静躺在大盐湖湖水中的螺旋形的小路,在无人触摸的地方,它非常像是史前时期预言似的某种残留。

罗伯特·史密森的《螺旋防波堤》是非常典型的大地艺术作品,其中的自然元素与宗教性的完美融合让人仿佛忘记了自身和世界的隔阂,产生了自己与世界融为一体的错觉,仿佛原本属于三个不同领域的人、自然和装置成为共同体,这既是艺术家也是这门艺术的魅力所在。

詹姆斯·特瑞尔1943年出生于美国加利福尼亚州,是一位著名的研究光与空间关系的艺术家,他最有名的作品是《罗登火山口》。1979年,他收购了这个火山口,它位于美国亚利桑那州弗拉格斯塔夫市,现在,艺术家把这个火山口变成了一个巨大的天文观测站,用以观察过去30年来星系坐标的变化。他对光现象的着迷,最终使艺术家的行为成为一种非常个人化,也成为人类在宇宙中的地位向内搜索的典范。正如他创造罗登火山口与空间、太阳、月亮、星星和其他天文现象,完成了一件属于自然也属于艺术家本人的大地艺术作品。

除了这个比较有名的作品外,这位艺术家的其他作品大多数利用了观众的数量和站位，通过控制观众控制作品的光感，比如他的某一件作品就是一个经过特殊处理的房间，从房间的顶端抬头望去，根据人数的不同和人员位置的不同照射进来的光以及形成的光斑都具备不同的艺术性，这就是这位艺术家典型的作品设计思路。

二、装置艺术

装置艺术是一种通过物件来展现时间性与事件性、空间性与参与性、"场"性与存在性的三维的空间艺术。它的特点是在将物件呈现在现实关系中，通过物件自身所包含的意义以及物件与物件之间的相互关系所引发的联想，来阐述新的概念和说明某种美学以及社会意义。它不同于一般雕塑的特点就在于它的视觉连续性，装置艺术拥有更开放的三维空间，能带给观众更强烈的空间感，也更具参与性和交流性。这种空间已不是单纯的自然空间，而是包含了社会学和心理学的空间。观众在这个空间中，感受着作品"场"的作用。装置艺术的展现，通常在真实空间和虚拟空间的关系中，借助连续的视觉形象叙述一种人文的观念。

《大玻璃》是装置艺术中比较典型的作品之一，其中充满了对空间的把握以及对装置的运用，其作者杜尚是艺术领域赫赫有名的装置艺术大师，其打破常规的创新精神带动了很大一批人，使其成为当代的艺术领袖之一。在当时，除了使用钢铁和铜材等金属材料以及尼龙、麻布等纺织材料外，对玻璃等的运用在艺术作品中也比较常见，从某种程度上来讲，这种艺术表现手法已经初步步入现代艺术的领域，因为其中包含的除了艺术作品本身具备的之外，更多的是通过作品引发的观众对未知的思考与探索。

伊利亚·卡巴科夫是20世纪很具代表性的装置艺术家，他关注俄罗斯的历史和20世纪的苏联，并将各个阶层的生存状态作为语言方式，来表达他对艺术的解读。20世纪80年代，卡巴科夫引起西方的广泛关注，在美术馆，他复原了苏联人的生活场景，制作了很多大型装置，用浓缩的历史、生活空间来反映并记录苏联的生活。

莫瑞吉奥·卡特兰是意大利装置艺术家，他的作品涉及社会事件，总能敏锐地抓住最尖锐的问题，比如种族主义、生态与动物问题等。作品以幽默与诙谐的面貌，体现了他内心的矛盾和抗争。艺术家把象征人类心理的各种符号引入到自己的创作中，在《小型抹香鲸》中，他把自己的展示伪装成香水制造商的广告，这对当代社会中人类的处境焦虑不安的情绪做了一种很好的诠释，虽然这些都被社会罩上一层"光环"，但这不足以掩饰事物的本质。卡特兰赋予他的作品装置试图逃避责任的象征功能。

意大利当代艺术家马里奥·梅茨具备很多艺术家都具备的特点,那就是一生都生活在穷困里,其在作品中使用的材料多为常见的廉价素材,比如报纸和尼龙纤维等物,玻璃也是其经常使用的元素,此人的作品《无题》除了上述材料外,还添加了大量的黏土碎片、蜡以及泥土,还有用麻布等捆成一团的树枝。虽然在大多数作品中使用这些常见的元素,但是当在作品中融入政治色彩的时候,马里奥·梅茨又很喜欢用霓虹灯,此人在艺术思想中经常表现出对资本主义制度以及压榨性工业制度的反对色彩。

在艾·基恩霍佐和南·基恩霍佐的作品《妈妈肖像》中,艺术家搭建了一间窄小的房屋,并在屋外放置了一只靠背沙发,看得出这是一位孤身度日的老妈妈。以室内摆设及老妇人的穿着来暗示她曾是中产阶级的过来人,然而人到晚年时亲朋好友都离她而去。时至今日,她只能手捧着亲人的照片陷入回忆与沉思。她晚年的寂寞与无助正是对美国社会的控诉,这一作品是作者对老年人生存状况这个社会问题的诘问。艺术家非常善于运用常见的生活用品,经过着色的雕塑,再将头像照片放置于特定的空间中装配,这一系列作品,都在叙说着各种属于老人的故事。

宋冬与其母亲赵湘源女士合作创作了《物尽其用》,2005 年,第一次在 798 北京东京画廊展出,展出后引起美术界的广泛关注,之后参加了 2006 年第六届广州双年展以及 2011 年第 54 届威尼斯双年展。《物尽其用》中的物件和素材都是赵湘源多年来本着物尽其用的原则所保留下来的生活物品,比如断掉了腿的布娃娃、板凳、肥皂、瓶子、锅碗瓢盆等杂物。《物尽其用》作品的理念展示了 20 世纪中叶中国一代人的生活哲学观念。

亨·皮·雅克布森在他的作品《毒气室》中使用了纯白的空间,在其中单纯使用木板构建房间,在房间内部的一侧墙壁上挂着两罐代表了毒气的装置,进入其中的观众需要从另一侧的入口进入,进入后第一个映入眼帘的就是“毒气装置”,而且随着观众进入房间并坐在其中的四把椅子上时,房间中的装置会真的放出氧化亚氮气体,让观众产生多维度艺术感受。《毒气室》是工业文明操纵下的产物,也是“文明”社会阴影下的病态写照。雅克布森的创作是超越视觉体验的,当观众参与进来后才算完成了创作的过程。他强调艺术家的责任,为此他做过说明:“对于我,艺术不会受到自身形式的限制。这里有选择性的绝非生硬的主张,或许我是理想主义者,但我认为可以成为一种批判性的工具。”批判性和对“文化”的质疑是他批判性的所在,其另一件作品《中子》中,作者将血液化验专用台安放在展厅中部,而四壁的红、蓝、绿、黑、白色象征血液流通的管壁,展厅的墙上四壁张贴着血样化学分析图表。当代人的肉体成为负担,社会性的问题与社会性的现状有关也是个体人类的癫狂发源的根源。今天由于现代化带给我们的混乱,是文明产品被滥用的结果,将为人类带来问题的时候,为人类的健康带来最坏的打算,这是对科学中乌托邦式梦想的批评。

第三节　交互设计在装置中的应用

一、装置艺术中人机交互设计的特点

装置艺术中的交互设计是最为重要的关键环节之一,交互方式的好坏、交互形式的选择正确与否以及交互的有效性好与不好都直接决定了一个装置艺术的成功与否。好的交互设计能够吸引观众,引导观众与装置艺术作品进行互动,并引发观众的联想或反思,这对以互动和多媒体为基础的装置艺术有着十分重要的意义。在装置艺术中使用交互设计与技术,既要考虑作品的艺术表现力的需要又要兼顾技术的可行性。对于一个艺术装置来说,无益于艺术表现的技术是不具有任何意义的。同样,再新奇和美妙的艺术创意,如果技术无法支持这种表现上的需要,也是一种遗憾。一般而言,一件成功的基于互动、多媒体的装置艺术应体现这样一些特征:首先是装置中的互动、媒介选择、交互类别以及技术的选择与应用都必须符合作品主题思想和表现的需求;其次,要有助于主题思想的进一步深化和延伸、增强作品的吸引力和艺术感染力;最后,要真正体现作品在创作和设计过程中,严格遵循所有的选择及设计决策都建立在对作品的主题思想的理解以及对表现形式的完成把握基础之上。总体而言,交互设计的装置艺术,应是艺术与科技的完美融合体。

有关交互设计的特征,许多学者在相关学术领域的杂志上都已发表了文章及学术论述。比如,在Jennifer Preece、Yvonne Rogers、Helen Sharp共同撰写的《交互设计——超越人机交互》一书中,对交互设计的特征论述与介绍较为详细,并且,对于互动、多媒体的装置艺术的创作和制作颇具指导意义,值得推荐学习。总体而言,互动、多媒体的装置艺术中的人机交互设计的特点归纳为以下一些特征:交互设计启示性强、交互设计简单易用、作品主题与展出环境符合、交互设计可靠、交互设计不可见。

(一)交互设计启示性强

所谓“交互设计启示性强”,指的是在装置设计过程中应充分理解观众的行为特性,人机交互的方法或界面设计要有某种启示性,所谓启示性,即给予观众某种提示。主要原因是,观众在参观艺术展览时,在作品前停留的时间十分有限,同时还取决于作品的形式及交互方式是否新奇、富有意义、是否有启示性等因素。就此而言,如何在短暂的时间内启发和吸引观众带着一种新鲜好奇的探求欲,主动与装置进行互动,这对于装置中的交互设计而言提出了一种较高的要求,或者说是一种挑战。与此同时,交互的易学性也十分重要。经验告诉我们,人们准备去展馆参观时,多少带有某种期待,他们希望能够欣赏到某些能与自己心灵产生沟通和碰撞的作品,进而获得某种审美和情感的体验。一般而言,观众须凭借直觉或须在数秒钟之内的时间学习和操练即可完成相关的艺术性操作。因此,作品的交互方式必须有很强的启示性。启示意指给予提示,常采用的方法有,如门把手暗示着“转动”“推拉”,按钮暗示着“按下”等。因此,装置艺术作品中交互的启示性强与弱,直接影响审美体验的质量。

(二)交互设计简单易用

从艺术审美的角度看,观众与多媒体装置作品进行互动的目的很明确,首先是觉得新奇、有吸引力,并希望通过与之互动获得某种体验。因此,交互设计的目的就是让观众参与并通过与装置的互动从而体验和感受到作品所蕴含的丰富内涵,进而引发人们种种联想并深入理解作品中所蕴含的丰富的含义。就此而言,很显然,观众与多媒体装置作品进行互动,其性质完全不同于以往人们学习如何使用计算机,更不同于学习如何创建网页等。在人机交互过程中,不能要求参与者进行复杂的操作或持久的等待操作的结果,参与者会因此失去耐心而放弃与装置的互动。所以,装置艺术的交互设计必须简单直接、快速易用。具体包括两个原则:功能可视和简单明了、反馈迅速及时。功能可视和简单明了是指,作品整体的互动功能对于观众来说是可视的或可预见的,并且通过一两个操作即可完成。交互设计应有明确的过程提示,应使观众很容易知道自己当前在做什么,怎么做,下一步该再做什么,并能预见互动操作的结果。反馈迅速及时是指,艺术作品能够快速地返回与观众交流活动的相关信息,包括视频、声音、触觉等。以便观众了解交互操作的结果,通过互动的经历感受作品所要表达的意义。

（三）作品主题与展出环境相符

装置艺术的艺术核心在于互动，观众和艺术家之间的思想交流以及观众在欣赏过程中参与到装置的运转过程也是其感受作品思想与设计的重要体验方式。当然，为了保证装置艺术的艺术性，无论其被设置在什么样的场景中都要注意与场景的有机融合，从而保证基本的艺术成分以及对观众的感染力。交互的物理装置、交互的方式、互动的过程及反馈的信息都是艺术性以及美感的一部分，是艺术家整体艺术思想与整体风格的重要组成，也是装置艺术的最大吸引力所在。装置艺术吸引观众的点不仅仅在于美感，更重要的是新奇有趣，让观众在感受到其中的艺术性的同时留下深刻的第一印象，让观众产生惊奇或愉悦的情绪，最大程度激发其参与的热情和创造的欲望，通过特殊的装置艺术作品启发并引导观众形成对艺术性的整体认知，这也是装置艺术的重要魅力所在。

（四）交互设计可靠

装置艺术作品一般是在室内或室外公共场所进行展览，而人机交互多会使用比较精密的设备。因此交互的可靠性是需要十分关注的问题，包括交互功能实现过程的安全可靠。交互必须满足在复杂的公共环境下能够连续、稳定、安全地工作，否则会造成整个作品的失败，甚至会伤害到观众。

（五）交互设计不可见

所谓“交互设计不可见”，是对交互设计的隐蔽性所提出的具体要求。未来人机交互的发展，已经向人们展示了一种趋势，即无处不在的计算技术、可穿戴的计算技术、可触摸的用户界面以及计算不可见，这也是一个重要的发展方向。对于装置艺术来说，交互设计的隐蔽性更加重要。交互只是作品的一部分，观众的关注重点该是装置艺术作品本身。同时，作品的交互设计不可能要求每个参与者都精通计算机的操作。所以，交互的类别和方式也在不断地改进发展。总之，就装置作品而言，好的交互设计应当有助于参与者的注意力、吸引力和兴趣点更加集中于作品的互动体验。

二、人机交互设计在装置艺术中的应用

在此之前，主要介绍的内容是装置艺术的起源、形式特征以及发展变化，并在此基础上进一步介绍了互动媒体装置艺术中交互设计的特点。以下将集中介绍人机交互设计与技术在装置艺术中的应用，并重点介绍、研究与分析装置艺术中交互设计的方式、特点、技术以及发展变化。与此同时，我们对国内外装置艺术作品中的交互设计与技术应用的情况进行分析与介绍。

（一）早期开关触发式的人机交互方式

从整个互动装置艺术的演变和发展过程来看，早期的交互设计以及所应用的技术相对而言较为简单，随着计算机硬件及计算技术和网络信息技术的进步和发展，交互设计与技术也相应在同步发展。早期的互动装置艺术所采用的人机交互方式主要是开关触发式。由于传感器、软件技术的发展和计算机处理能力的提高，这种早期的开关触发式的人机交互方式在交互装置设计仍然被广泛地应用，并且依然有不俗的表现。这里举几个曾经的交互艺术设计的优秀作品作为例子具体论述问题，我国台湾艺术家陈建泰、马克劳的作品《风铃》，装置作品的创作灵感来自泰国和尼泊尔的寺庙印象，艺术家用竹子做成的乐器，并加上传感器，当观众的指尖拨过作品时，会奏出美妙的风铃声。日本新媒体艺术家近森基和久纳镜子创作了作品《幻影》，该作品是日本媒体艺术节获奖作品，作品所基于的交互设计与技术主要是早期开关触发式的人机交互方式。当观众触摸带有传感装置的圆锥体时，计算机将改变 CG 影像，从而创造出一个真实和虚拟并存的梦幻 CG 世界。在 2004 年的上海双年展上，胡介鸣创作的互动、多媒体装置作品《向上、向上》也是基于早期开关触发式的人机交互方式。装置作品由几十台垂直相叠起的电视显像器构成，形成一条上下垂直的影像显示条频，在电视显像中，有一位红色人形影像在不断地向上攀登，当装置遇到外界声音干扰时，会作出某种信息的反馈，在不断地向上攀登的红色人形影像或停顿，或下跌，或加速的互动反应，交互沟通给人们一种特殊的体验，也引发了人们的反思和某种情感体验的获取。奥尔纳·普特盖利（Orna Portugaly）等人在 2004 年创作的互动、多媒体装置作品《心跳》（Heartbeats），则是基于心跳传感器形成人机交互的方式，原理同样是早期开关触发式的人机交互方式，当参与者的手接

触到台面上的传感器时，他们的心跳频率通过与装置的互动将会控制一个虚拟生命的出生、成长以及消失。从这里可以看出，设计与技术一旦离开在作品中的实际应用，它与作品的相关性及与审美和情感体验的意义也就自动分离，以下将依据作品的表现形式、创作主题以及交互设计与技术的应用等方面进行详细的介绍、分析和研究。本书作者因有幸在媒体发布会、研讨会以及招待晚宴上等多种场合与艺术家有过多次深谈，因此，对作品主题的理解与把握、设计与形式的应用了解得较为详尽，供大家学习与赏鉴。

首先从作品所呈现的形式来赏析，装置作品被安装在一个巨大而较为黑暗的空间内（主要是保证投影效果原因），参观者面对一条宽 4 米、长 12 米、铺着灰色地毯的长廊，观众的脚步一旦触及地毯，裸露女性的人体影像将立即追踪而至。四个裸露人体的身影将紧随观众的脚步，忙着清洗、抛光、擦洗一切观众可能留下的足迹。观众将被手上拿着碎布、扫帚、刷子、吸尘器，接踵而至的兢兢业业地忙着清洗痕迹的身影所包围，直到观众走出地毯，身影才彻底消失。工作人员在地毯下面的地面上装上了 196 个传感器，它们由 4 台电脑控制，并通过被安置在天花板的投影机将 4 个视频影像投射到地毯上。其次从作品所蕴含的主题角度来赏析，人们从《清洗》中看到了一种影像的偏执，那些不停地在清洗的身影似乎不仅是想清除观众脚步所留下的印记或污渍，这种正在被清除的印记或污渍似乎还蕴含着更深刻、抽象的意义，仿佛那是人类的历史痕迹，或是宗教意义上的种种罪孽等。观众通过与装置作品的交互获得了特殊的情感体验的过程，作品也引发了观众的某种思考和想象。

艺术作品似乎总是在阐述艺术家对世界的认识，是其世界观和价值观的综合体现，是对艺术家所认同的当代人文问题与现象的艺术性诠释，更是他们希望能够作为自己和世界以及观众之间进行交流的最佳平台。《清洗》这一作品中带有浓郁的偏执色彩，是一种虽然看似不可理喻但是深入思考又会发现其悲天悯人的持续性偏执，是一种妄图以人类之身超越人性和世界中的肮脏从而得到纯净的历史和世界的想法，虽然不可能实现，但是那种既带有“飞蛾扑火”般的壮烈又带有“虽千万人吾往矣”的决然的坚持，是人类情感中最可贵的部分。艺术作品中的裸体形象和笑脸也都有深刻的内涵，裸体代表了人心无论在怎样的包装下都不会改变，一定会在某些情况下展现出真实的美好或者丑恶，而笑脸则是对世界反抗的绝望中最后的乐观的体现。整体而言，这一作品对人性和艺术以及现实问题的平衡把握极佳。

(二)命令交互方式与传统的图形交互方式

命令交互方式和传统的图形交互(如 WIM)方式,是人机交互技术历史上的里程碑。但是由于它们对键盘、鼠标等输入设备的依赖和要求以及交互方式的局限性,因此,装置艺术很少采用和接纳这种交互方式,所以,命令交互方式和传统的图形交互方式很难被广泛采用并完全融入装置艺术创作。在采用键盘和鼠标作为装置艺术交互手段的同时,又要保持装置艺术作品交互设计的有趣和富于启发性等要求,这是比较困难的。这种交互设计的方式大多应用于办公用品的开发和界面交互设计。

(三)网络交互

"新媒体"的概念基于数字化并以先进的信息传播技术为核心技术支撑的媒介或内容载体。所谓"新媒体艺术",即以数字媒体技术及数字信息传播科技为支撑和媒体的艺术形态。其本质特征为,通过利用和展示数字化及信息传播相关新技术,以交互为其主要形式特征、参与有关人类文化、社会、政治、美学等相关的艺术实践活动。目前人们概念中的新媒体艺术和那些更直接的名称,例如:数字艺术(Digital art)、计算机艺术(Computer art)、多媒体艺术(Multimedi art)和交互艺术(Interactive art)等彼此都经常被交替使用。为了便于更精确地介绍和问题研究,以下所介绍的主要是基于网络和数字技术的艺术(Web-based art),或称为基于网络交互的多媒体装置艺术。

计算机技术和互联网技术是真正将庞大的世界连接起来的重要手段,有了互联网技术的地球实现了从原本人们眼中的整个世界向"村"的转变,而随着种种改变的发生,装置艺术以及多媒体技术等也以前所未有的态势蓬勃发展。网络媒体的具体概念是个人或组织通过计算机技术和多媒体平台发布交互数字信息,在计算机网络中提供新闻等形式的信息服务,具备这样功能与特征的独立站点就是网络媒体平台。数字媒体技术的本质则是对数字化信息储存、计算、传播等的综合体。该技术在现代的应用范围广阔。

新媒体艺术家正在不断地创造性地利用网络媒体作为艺术创作和信息传播的新途径,并将互联网变为从事与文化、社会、政治、艺术实践活动相互依赖的媒体以及艺术展示的平台,从那以后创新作品层出不穷。例如,法国著名多媒体艺术家莫奔(MoBen)在 2005 年 5 月 1 日的作品《全球情感地图》,艺术家应用自己开发的软件程序,以及根据从互联网上获取世界不同地区同一时刻对某个情感关键词的点击率,并依据点击率数量的比例大小,通过信息转换的方法,绘制而成一个三维地球。网络上传输的信息也可被新媒体艺术家用来合成装置,例如,我国台湾装置艺术家陈建泰、马克劳的《网络乐章》就是通过将网络的流量的信息转换成另一显示形式,形成一组由符号表现的具有音乐节奏感的画面。当然,互联网更是信息的海洋,艺术家可以借助网络媒体去搜索各种所需要的信息,通过将网络的流量的信息转换而创作各种风格和形式的新媒体艺术,使网络成为一种看不见的生命存在。1999 年,德华多·卡茨的网络装置艺术《创世纪》,是一种基于作品的展示舞台,是一种参与者可以通过网络操作进行互动、更新及扩展的真实的装置。类似的基于网络媒体及技术而进行新媒体艺术创作的作品参见相关注释。

对信息技术等领域的研究是人类在探索过程中孜孜不倦的领域,就像对航空技术的执着代表了人类对空间的征服欲,信息传送技术也是同样的道理,如何让信息更加全面而迅速地从一个区域到达另一个区域是研究者的重要课题,为此对计算机和网络技术的研究始终是研究的热门项目。而信息传播需要计算机技术的支持,计算机技术带来的却不只是信息传递,互动技术以及新媒体等对计算机和网络的要求也很高,这些领域的发展有着共同性。

如果要追溯人类最早的有意识地利有通信式融入艺术的创作与实践活动,可能会追踪到 20 世纪。德国的胡森贝克(Richard Huelsenback)在他所编纂的《达达年鉴》中曾提议,艺术家可以通过电话通信手段,将本人的各种创作意图、创作的表现形式及详尽细节在电话中跟专门负责制作的工匠进行沟通和描述,然后,工匠依据描述进行所谓的“加工代制作”。这类似于订购的方法。美国的芝加哥当代艺术博物馆也曾在 1969 年举办过“电话艺术”展览。所谓电话艺术展览,即主办方要求参展艺术家通过电话通信联系的方式,将准备参展的作品的创意、形式特征以及作品的详细部分描述与博物馆的工作人员进行沟通联络,然后,工作人员根据电话通信记录的内容直接安排专门的工匠进行“订单制作”。从当时的艺术创作过程以及后来的反馈来看,胡森贝克本人也没有想到自己的创意能够带来如此别致的创作方法,而这种艺术家提出创作思路和艺术核心思想,而后有手工艺者根据艺术家的想法和自己的理解将这种艺术作品付诸实践,这也是艺术创作发展道路中很有趣的一步,因为在这种创作模式下,就连艺术家本人都失去了对艺术作品的完全掌握,因为其并不参与到动手制造的过程中,也正是因为如此,艺术家在艺术作品真正面世前也无法确定其最终的表现形态是怎样的,甚至可以说,作为艺术作品的设计者的艺术家对艺术作品的内在结构以及创作过程等方面的了解还不如工匠本人,控制力度大大下降。虽然这种艺术创作形式并没有流传开来,更没有成为主流艺术创作方法,但是这种能够让作品最大程度摆脱艺术家的创作习惯并融入工匠的个人艺术创作的方式确实别出心裁,因此在当时的艺术界引发了不小的反响,更是让一些艺术家打开了新天地。

尽管贝尔发明了人类的第一部电话,但是,在20世纪60年代之前,艺术家似乎未曾意识到远程通信可以应用于与文化和艺术相关的实践活动。直至20世纪80年代,相关的艺术机构和艺术家才开始对如何利用远程通信的方式从事与文学、艺术实践活动的种种可能性进行正式的探讨。在那个时期,美国的旧金山当代艺术博物馆曾经召集艺术家进行研讨,主题是如何利用通信工具从事与文化和艺术相关的创作和实验活动。与此同时,相关人员还试验完成了通过电话通信进行全球慢速扫描电视图像的传输。在此之前,美国的数码艺术家交流群体组织(Dax Group),在Michael Chepponis的操作之下,在Ultimate Contact(终结联系)的项目实验中实现了由通信方式而完成的全球交往的理念。他们利用慢扫描电视高频电波与航天飞机上的宇航员交换了相互传送的图像。

随着时代的不断发展和科技的不断进步,艺术构造理论以及互动装置的设计等在未来的发展前途会更宽广、应用的领域会更广泛,会在人类的生活中占据越来越重要的地位。

第四节　互动装置案例分析

一、装置艺术实践教学

依据装置艺术创作的基本原则和方法,课程除了理论讲解外,以项目驱动式教学法主导的创作实践教学过程如下。

(1)观念和草图。在作品创作初期,学生和教师对各项作品的观念、媒介、空间、时间、造型、叙事表达、技术手段、实现难度、交互方式、系统搭建、情感审美、完成时间、最终效果等方面进行初步的构想和充分的讨论。依据讨论的结果,学生们完成涵盖上述内容的文字创作方案,并详细绘制二维或三维的创作草图。除此之外,还应对装置作品的实施场地或展示环境进行实地考察和研究,包括场地面积、高度、光照、室内或室外等方面,以最终确定可行性创作方案。

（2）媒介和空间。在确定了完整的创作方案后，学生应从创作观念出发，并充分考虑实施场地或展示环境的条件，开始创作作品的“硬件”部分，即作品的媒介和空间。媒介指的是作品的物质载体，包括材质、大小、尺寸、面积、视觉造型等内容；空间指的是作品的辐射区域，包括空间范围，是否可进入空间，是否避光、隔音等问题。此创作阶段应解决的问题：一是创作观念和作品“硬件”之间的联系，二是作品“硬件”的造型、空间和观众的审美心理、习惯之间的联系。

（3）系统和交互。“软件”和“硬件”对于一个装置艺术作品的重要性是不相伯仲的，其中硬件不必多说，软件指的是作品的装置的交互系统以及系统运行，其中艺术家和作品以及作品和观众甚至观众和艺术家之间的简介交互都属于其中的重要部分，也是装置艺术能够成为深受大众喜爱的艺术表现形式的根本原因。曾经的传统艺术并不具备交互过程，艺术家负责输出艺术表达，而观众只能接受，装置艺术的交互性可以混淆两者的身份，并且让观众更加深度地参与到作品的展示甚至设计中，这也是其最大魅力所在。

（4）评估和调整。在创作完成前，完善作品的“硬件”和“软件”。以观众的视角对作品的观念传递、艺术效果、审美体验等进行最终的评估、反馈和调整。最后，检查作品的运行状态、安全性以及电源的稳定性等。

二、装置艺术学生作品

“新媒体艺术”作为艺术学科的基础课程，在教学目标上，要求学生尝试利用不同的创作媒介，强化思维能力的拓展，注重作品观念、造型、空间等的艺术表达，运用较少的技术手段构建作品的系统和交互，实现创作观念的传递和情感审美的营造。教师在课程结束时举办“新媒体装置艺术教学作品展”是检验教学效果的重要手段。通过学生作品的展示，一方面能帮助教师改善在教学中存在的缺陷和不足；另一方面能使学生在课程实践中有的放矢，提高他们实践创作的热情。下面从几个角度结合装置艺术作品具体阐述其表现手法以及艺术特色。

（一）感官拓展

《水源》是一件声音装置作品，作品创作观念源于作者对未来地球自然资源匮乏、人类深陷极度缺水状态的担忧和想象。作品中破旧苍白、参差不齐、形态各异的水龙头水管直通地下，隐喻着未来世界可能出现的状况。当观众靠近作品时，能听到“滴答滴答”的水滴声缓缓从水管中传出，声音在展厅中回荡却无法看到水流出，从而引发观众对于水资源的遐想。

《生命树》这件作品源于作者对城市化变迁的思考和自然环境的改变给人带来的危机感。作品中，自然界的木材几乎被人类制造的金属材料覆盖，向上延伸的金属枝条如同熊熊燃烧的火焰。当观众靠近这件作品时，能看到内部隐隐蹿出的火苗，听到“噼里啪啦”的燃烧声，甚至能嗅到现代化都市所特有的金属气息。

（二）交互拓展

《百相》是一件带有浓郁人文色彩与哲学色彩的作品，是作者将自己对人生百态的认识的具象化表现的形式，是对不同的命运与不同身份的人的思考。从某种程度上来说，其具备行为艺术的部分特点，观众想要欣赏作品就要将特制的面具戴在脸上，面具会用微弱的音量播放带有人物特性的语音，在这种耳语中，观众似乎和面具对应的人物的人生合二为一。

《第二空间》是作者受到法国艺术家克里斯蒂娜·库比施的作品《磁场圈》的启发创作的交互拓展的装置作品。伞形的支架如八爪鱼般延伸出八个金属质感的“传音筒”，观众拿起“传音筒”放置在耳边，可以听到鸟鸣、风声、流水声等自然界的八种不同声音。作品不由得让人想起是造物主将自然界的一切带给了人类，一件酷似贾科梅蒂创作的人形雕塑屹立在那儿，似乎也在聆听造物主的话语。

（三）空间拓展

《宁静》是一件基于空间的交互装置作品，作者的创作动机来源于在展厅内创造一个纯粹自然空间的想法。作者用隔音、避光的材料在展厅里建造了一个直径 2 米、高 2 米的圆柱形封闭空间。当观众拉开帘子进入这个黑暗的空间时，却能嗅到树木的味道、泥土的芬芳，听到阵阵蝉鸣、鸟叫和潺潺流水的声音，仿佛置身于大自然中。人们视觉的封闭启动了嗅觉和听觉的强烈感受。

装置作品《危机》的创作灵感来源于作者经常出现的“提笔忘字”现象。作者创建了一个半封闭的且可进入的立方体空间，试图呈现信息化时代文字语言交流面临危机的隐喻。当人们进入这个空间内部，能看到很多被肢解的汉字偏旁部首和英文字母，它们充斥在四周，这些文字无法识别，却一直在闪烁并发出低频的声音，从而给观众营造出一种紧张、急促的心理体验。

《雀》是一个对物种的存续有广泛探讨意义的作品，其中包含了作者担心鸟类灭绝的博爱思想，作品的主体是一片公共空间和围绕四周的五个巨大鸟笼，其中通过设备模拟出来的似是而非的鸟叫声更是能够引发人们对鸟类的存亡乃至于自然界的健康问题的思考。

（四）影像交互

《边缘化的表达》是一件用影像形式构建交互关系的作品。该作品用多维度影像与观众的互动行为，构建起了作者对当下社会人们生存状态的思考。影像部分由三个维度分别展开叙述：最外一层影像的创作是基于主流文化的审美标准的光鲜、亮丽的三维动画；最底层的影像则由时下网络上备受关注的视频片段组成，它代表着当下普通人的真实处境；中间是一层有数码故障介质的影像，它作为一种隐喻，仿佛是主流文化和亚文化之间的鸿沟。在交互方式的设置中，通过 Kinect 拾取观者的动作与影像发生交互，并利用距离感应器密切关注观者与影像距离的远近变化，从而使影像的内容由虚拟变得真实。

《边缘化的表达》这件作品通过影像交互形态关注普通人的生存状态，尤其值得肯定的是，其作品中距离感应器的运用交互方式与作品所表达的主题之间的契合度较高。在观者逐渐走近影像的过程中，仿佛也是在逐渐逼近社会的本质问题。

《辐射》是交互作品当中的影像作品，其探讨的内容也与环保有关，但主要还是对辐射问题的深入思考。辐射并不仅仅来源于核电站等污染场所，每个人的热量和自身携带的电磁波无时无刻不在向四周辐射，这是从人的身体的物理性来看，如果从社会角度来看的话，每个人的关系网都呈现以个人为中心的辐射状态，也就是每个人都对社会有或多或少的影响力，即使将这个范围扩大到宇宙也不例外。该作品通过先进的技术捕捉观众的每一个动作，并通过发散的粒子将这种辐射关系呈现出来。

交互影像装置作品《一首痛苦的诗》探讨的是痛苦是不是人生的本质问题。古希腊悲剧永远比喜剧伟大，然而痛苦也是我们所有美的来源。这件装置作品将抽象的痛苦概念转化为超现实的影像，分别由衔尾蛇、婴儿和蛹象征生命的轮回。当观者按压装置顶部的旋钮时，极弱电流会传导到手指，令其产生隐隐的疼痛感，这种近乎仪式感的交互方式，能够让参与者感同身受地思考痛苦的内涵。该作品学理深刻，媒介语言的逻辑构建严谨，表现形式充满了艺术张力和仪式感，与其所探讨的主题契合度较高,并能把抽象的概念转换成恰当的造型和视觉语言。

《1000根火腿肠》这件作品探讨的是食物与人之间的关系。食物与人之间是不是简单的吃与被吃的关系?当观者作出伸手接食物的姿势时,影像中的各种食物就会随之散落。通过这样一个充满游戏感的行为,观者在参与中也就能够重新思考食物与自身的关系,并从中了解到饮食失调(eating disorder)这一病症,该作品也是由kinect技术来识别人的动作,并与预置影像产生交互关系。趣味性、游戏感以及引导观者的参与行为使该作品变得更加自觉、更加简易。

(五)声音交互

我们在生活中接收到的很大一部分信息来自声音,声音也是交互艺术中门槛最低的形式,可以用最低的成本实现,但同时又能够在很大程度上满足观众的参与感,因此对其的利用以及对声音的其他形式转换都是装置艺术的设计重点。《喊山》这一作品的灵感正来源于山谷效应,虽然在原理方面并没有什么共同之处,但是在与自然的结合上,两者有异曲同工之妙,都利用了自然空间的巧妙以及对人类而言的减压作用,能够让观众在作品中找到心灵的放松。观众可以通过麦克风设备大声喊话,随着音量的不断增加,观众的视角也会在群山之间不断转化,对动态视觉和颜色以及风景等元素的利用在很大程度上让观众从作品中得到放松,有舒缓神经以及促进人对自然的热爱和对自然的理解的作用。

作品《水——灵动》这种声音交互装置的创作灵感来源于日本作家江本胜(Emoto Masaru)1990年的著作《水知道答案》[①],该书表达了这样一种观点:水是有生命的,有喜怒哀乐。该作品通过观众在现场参与制造声音,这声音可以是话语,可以是音乐,也可以是噪声……不同的声音携带着不同的声波能量传达给水,从而在水面形成不同的颤动的水珠。该作品可取之处在于其能够完成能量之间的转换,在具体的水和同样抽象的声波之间通过观者的参与而达到作者的目的。

① 《水知道答案》是2009年由南海出版公司出版的图书,作者江本胜。《水知道答案》讲述了:听到"爱"与"感谢",水结晶呈现完整美丽的六角形;被骂作"浑蛋",水几乎不能形成结晶;听过古典音乐,水结晶风姿各异;听过重金属音乐,水结晶则歪曲散乱。

（六）机械互动

通过舵机、马达等机械原理和设备，赋予造型语言更为生动的交互属性和趣味感，这是基于艺术学生的造型基础与科学技术相结合的有趣尝试。以下两件作品就是在此板块上的学生习作。

除了常规的装置作品外，沿袭了艺术中的怪诞风格的装置艺术作品也不在少数，《怪诞厨房》就是这样的典型作品，作者对我们熟悉的厨房场景进行了奇思妙想的改造，让进入其中的观众似乎置身于八音盒中，看似正常的厨具和容器成了演奏者，而机械设备却反而成了乐器，不同乐器之间的碰撞以及机械装置与厨具之间的互动性都是这一艺术作品的亮点所在，除了本身的艺术表达外，这一作品对我们的启示主要在于想象力和颠覆思维的重要性，只要有了两者的参与，对艺术的创造和把握就会容易很多。

作品《乐章》与上一件作品的创作逻辑类似，它是一件以农具为创作元素的声音装置。创作者从他的成长经历中汲取灵感，用绘画造型语言将农具这一陪伴他成长的日常物件重新演绎，通过马达、舵机、Arduino等电子元件和技术手段让农具振动发声，让农具奏响了一曲宏伟的生活交响乐。该作品通过机械装置艺术去思考和表现作者对农具的情感，领悟农具蕴含的文化符号的意义。同时该作品以农具为载体，在工业化、信息化的时代中重拾手工劳动的记忆与情感，延展了作品的立意。

（七）材料实践

《六十甲子》这件作品探讨的是时间和轮回。作者根据自己面庞的轮廓，用蜡做了六十个脸模，随着观者停留在作品前的数量多少，内置于脸模后的灯光的热量会传导给蜡膜，从而使其逐渐融化变形，呈现出一种时间流逝的形式感。随着给光时间的延长，面孔会逐渐柔软、变形，甚至开始融化。在这件作品中，作者对蜡这个材料与时间的关系把握得较为准确，在材料上尝试、探索较为突出。

作为将物理装置与虚拟影像技术密切结合起来以至于展现出了强烈的现实主义的作品，《Side by Side》对我们人类未来的生活环境等方面进行了深刻的探讨，提出了如果未来的地球成为废墟，对地球来说意味着什么，而对人类来说又意味着什么，地球和人类之间的关系是怎样的等一系列问题。作者使用废旧的铝板作为装置艺术的主体部分，在对其进行二次加工之后成功营造出了废墟的状态，让进入其中的观众似乎真的来到因为战争和污染等造成的废墟中,其中衰败的工业文明色彩展露无遗,一台用报废的零件改装的智能轮椅更是点睛之笔。进入其中的观众都被赋予了同样的身份,他们是其他文明的来客,需要使用装置还原并思考这里曾经的文明经历了什么,在这样的过程中,观众也确实会对环境保护和人与自然的关系有更多思考。

《肉有话说》是一件非常特别的机械交互作品。作者用硅胶、机械手臂、颜料等材料模拟了三块可以运动的肉,这里用"肉"这个概念来做一个隐喻,它指代任何的肉体和生命体,以及生命体的生长与消亡的轮回。当有人走近,它们会不停地扭动,好像在摆脱什么束缚,又好像在向人诉说着什么。该作品巧妙地把机械手臂隐藏在肉的造型当中,该互动方式的构建打破了生活经验中肉的概念,以"肉有话说"隐喻生命体的复杂存在,充满哲学思考。尤为难能可贵的是,该作品在创作过程中对材料的整合和对细节的处理,甚至对一根电线的走向均力求完美,从无数次生肉风干的实验,到最终硅胶制作和手绘,完成了一次对作品制作材料的完美探索。

张倍瑜同学在自己的作品《唱诗班》中将女性的生命作为作品的第一人称视角,作品中有作者自己的经历以及思考,其中蕴含了对女性的过度保护究竟是保护还是伤害的思考,这种以爱为名的牢笼对女性的健康成长会造成怎样的影响以及为什么会出现这样的现象,这种种问题在作品中都是有深刻展现的。作者通过搜集大量女性裸露身体的图片并且对这些图片进行剪辑、粘贴的再创造,通过这种扭曲混乱的外形体现出了艺术作品的基本语言造型,在这种令人感到不适的元素外,她又添加了能够让人看了感到温暖和柔软的地毯作为缓冲元素,让人重新有了舒缓的安全感,进入作品内部的观众会在扭曲的人体和温暖的地毯间感受到不同元素带来的冲击,从而引发对问题的深刻思考,此外,其中变得越来越暗的灯光也是让人感到格外恐惧的重要元素,其带来的压抑和恐惧色彩让观众体会到被囚禁的女性的心理,从而对作者想要表达的主题有了更多的了解。

(八)新科技

作品《控》是一件利用智能手环结合增强现实技术的作品。该作品的灵感源于作者小时候的经历:一次在自己家的田里面抓青蛙,天下起了雨,他被淋湿了,那时候他就在想为什么自己家里的一亩地想种什么就种什么,为什么与地对应的一亩天就不能想要什么天气就要什么天气呢?一个很纯粹的想法,让他萌发了创作这件作品的愿望。作者通过可开发的实时摄像头加上增强现实技术,达到了虚拟的控制天气的效果,观者戴上手环挥舞,就会让虚拟影像中的天空晴朗或阴雨。科技是冰冷的,但当它插上创造力和艺术表达的翅膀时,其化学反应是如此的美妙!作品中有对现实的观照,例如对城市景观的实时播放,也巧妙地运用了科技产品,体现了作者翻手为云、覆手为雨的雄心。

参考文献

[1] 邱孝述．公共艺术 [M]. 重庆：重庆高校出版社，2018.

[2] 刘洪莲，龚永亮，李梅．公共艺术 [M]. 镇江：江苏高校出版社，2017.

[3] 苏娜，杨静．公共艺术 [M]. 南京：东南高校出版社，2017.

[4] 马跃军．公共艺术 [M]. 石家庄：河北美术出版社，2014.

[5] 孙珊，胡希佳，王卫华．公共艺术 [M]. 济南：山东美术出版社，2010.

[6] 张羽洁．疫情期间的公共艺术 [J]. 公共艺术，2020，(4)：74–80.

[7] 张念伟．公共艺术与城市景观的融合 [J]. 工业设计，2021，(2)：87–88.

[8] 朱峰．公共艺术边界的泛化思考 [J]. 人物画报(下旬刊)，2021，(1)：17.

[9] 孙振华．公共艺术的乡村实践 [J]. 公共艺术，2019，(2)：32–39.

[10] 李艺昕，那海峰．城市与公共艺术 [J]. 儿童大世界(教学研究)，2019，(9)：239.

[11] 顾玉雪．公共艺术：致森林 [J]. 齐鲁周刊，2019，(25)：44–45.

[12] 肖彩．太极文化与公共艺术的"共生"——记陈家沟的公共艺术行动 [J]. 美与时代(上)，2021，(4)：43–44.

[13] 肖彩．太极文化与公共艺术的"共生" [J]. 美与时代(上)，2021，(4).

[14] 罗伟安，钱丹，骆浩．公共艺术与数字化重构——城市公共艺术的创新研究 [J]. 美与时代(城市版)，2020，(8)：58–59.

[15] 柴亚晶，王舒然．公共艺术边界的泛化研究 [J]. 艺术工作，2020，(6)：26–28.

[16] 谢济．公共艺术设计方法及原则 [J]. 百科论坛电子杂志，2020，(10)：192.

[17] 张婷．公共艺术和无人之境 [J]. 公共艺术，2020，(3)：88–95.

[18] 崔佳 . 公共艺术的美学意蕴 [J]. 文艺争鸣，2018，(9): 200-204.
[19] 吴士新 . 公共艺术的场所精神 [J]. 艺海，2018，(1): 8-10.
[20] 汪大伟 . 公共艺术的研究构架 [J]. 公共艺术，2018，(2): 49-52.
[21] 彭美月 . 浅谈校园公共艺术 [J]. 山海经(教育前沿)，2018，(7): 47.
[22] 王檬檬 . 公共艺术与行动方式 [J]. 新美术，2018，39 (9): 105-107.
[23] 颜海强，魏宇辰 . 公共艺术与人文关怀——以校园公共艺术课程为例 [J]. 艺术科技，2021，34 (7): 249-250.
[24] 杨宪程 . 论公共艺术与装置艺术的关系 [J]. 西部皮革，2021，43 (2): 147-148.
[25] 李谦升 . 公共艺术的数字化观察 [J]. 公共艺术，2020，(3): 6-10.
[26] 聂瑛 . 浅析社区公共艺术的建设 [J]. 工业设计，2020，(3): 94-95.
[27] 刘庆田 . 公共艺术中的地域文化 [J]. 美术教育研究，2020，(2): 37-38.
[28] 洪海超 . 当代公共艺术的边界探索 [J]. 中国文艺家，2020，(9): 183-184.
[29] 吴士新 . 公共艺术时代的机遇与挑战 [J]. 雕塑，2020，(A1): 26-29.
[30] 赵浩民 . 公共艺术溯源 [J]. 锋绘，2021，(2): 42.
[31] 李宝龙 . 公共艺术的历史 [J]. 雕塑，2020，(A1): 46-49.
[32] 黄健敏 . 台湾地区的公共艺术 [J]. 公共艺术，2020，(3): 42-51.
[33] 雷雨晴 . 公共艺术与智慧城市 [J]. 公共艺术，2020，(3): 83-87.
[34] 宋昕璐 . 公共艺术与人文关怀 [J]. 视界观，2020，(10): 45.

后 记

不知不觉间,本书的撰写工作已经接近尾声,作者颇有不舍之情。因为本书是作者在仔细研读分析过去和如今的城市公共艺术发展之后的作品,倾注了作者的全部心血,但是想到本书的出版能够为城市建设和公共艺术发展提供一定的帮助,在疲惫之余作者又颇感欣慰。同时,本书在创作过程中得到了社会各界的广泛支持,在此表示深深的感激与感谢!

本书在撰写与研究的过程中,作者一是通过阅读整理大量资料,全面了解城市公共艺术都包括哪些方面,拟定了一个包容性比较强的框架,将公共艺术与互动设计的前世今生熔铸在同一篇文章内;二是仔细阅读所有资料并认真思考,在全面了解公共艺术与互动设计的基础上对其有了足够深入的认识,因此才能在论述过程中鞭辟入里,对公共艺术和城市之间的关系的方方面面都作出详细论述;三是在写作过程中广泛参考并结合了大量案例,通过图文并茂的形式将公共艺术的理论以及具体应用、表现等都展现给读者。最终,通过这种理论和实际相结合的写作手法,作者将城市公共艺术以及公共艺术与新媒体交互技术之间的关联明确提出并给出了自己的看法。

艺术从来都不是急功近利的学科,其进步需要足够的知识与实践积累。因此,作者由衷地期待全社会共同努力,助推我国公共艺术全方位发展。

感谢在创作过程中给予作者帮助的多位教师,因为有了他们的不懈努力与精益求精的专业精神以及对于作者的鼓励,才使得《城市公共艺术与互动设计》顺利成书,并最终呈现在读者面前。但文章中难免存在不足之处,希望得到各位同行及专家的批评指正。